太阳能光热利用新技术在绿色建筑中的应用研究

洪晓强 ● 著

厦门大学出版社 XIAMEN UNIVERSITY PRESS 国家一级出版社 全国百佳图书出版单位

图书在版编目(CIP)数据

太阳能光热利用新技术在绿色建筑中的应用研究/洪晓强著.—厦门:厦门大学出版社,2022.6

ISBN 978-7-5615-8594-8

Ⅰ.①太… Ⅱ.①洪… Ⅲ.①太阳能利用—新技术—应用—生态建筑 Ⅳ.①TU-023

中国版本图书馆 CIP 数据核字(2022)第 075004 号

出 版 人 郑文礼
责任编辑 李峰伟
封面设计 张雨秋
技术编辑 许克华

出版发行 厦门大学出版社
社　　址 厦门市软件园二期望海路 39 号
邮政编码 361008
总　　机 0592-2181111 0592-2181406(传真)
营销中心 0592-2184458 0592-2181365
网　　址 http://www.xmupress.com
邮　　箱 xmup@xmupress.com
印　　刷 厦门兴立通印刷设计有限公司

开本 720 mm×1 020 mm 1/16
印张 10
字数 155 千字
版次 2022 年 6 月第 1 版
印次 2022 年 6 月第 1 次印刷
定价 45.00 元

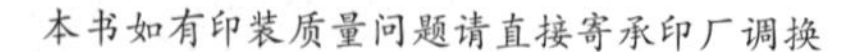
本书如有印装质量问题请直接寄承印厂调换

厦门大学出版社
微信二维码

厦门大学出版社
微博二维码

前　言

我国建筑能耗约占社会总能耗的30%，随着经济的发展和人民生活水平的提高，我国建筑能耗强度也在持续增长。我国要实现2030年碳达峰、2060年碳中和的目标，建筑领域的减碳是关键一环。对建筑领域来说，"碳达峰""碳中和"的关键在于发展绿色建筑和建筑节能。绿色建筑中充分、合理地利用太阳能，采用适宜的技术，扬其利而避其害，对减少建筑能耗和碳排放具有重要的现实意义。

本书分别介绍了壁挂式太阳能环路热管-热泵热水系统、百叶型太阳能采暖通风墙、瓦型太阳能热水-采暖双效系统、分区智能遮阳系统、热致变色玻璃等多种太阳能光热利用新技术，并详细阐述了各种技术的技术原理、数理模型，对其在绿色建筑中的应用特征进行参数分析，得出相应的分析结果、评价模型和应用途径。

本书是本人近十年来研究工作的积累总结，感谢我的导师——合肥工业大学何伟教授，是他带我进入太阳能光热利用和绿色建筑领域，并一直给予我指导和帮助。感谢中国科学技术大学季杰教授和裴刚教授多年来对我研究工作的指导和关心，并提出许多宝贵的建议和意见，使我受益匪浅。

本书得到国家自然科学基金(52108098、52078443)、厦门市建设局建设科技计划项目(XJK-2021-3)资助，谨此致谢。

受学识和水平所限，书中不妥之处在所难免，恳请读者批评指正。

洪晓强

2022年1月31日

目　录

第1章 绪 论

1.1 绿色建筑与太阳能利用

随着我国经济的日益发展和人民生活水平的提高，对建筑环境也提出了更高的要求，建筑能耗呈现持续增长的趋势。在当今国家追求碳中和目标的背景下，节能减排与绿色生态是建筑设计的重要发展方向，绿色建筑也就应运而生。绿色建筑是建筑学、生态学、建筑技术科学等不同学科交叉的成果，将建筑营造为一个小的生态系统，为使用人员提供安全、健康、舒适、节能的环境。

绿色建筑设计是在满足功能和空间需求的前提下，强调节约资源、减少污染，注重建筑与自然的协调统一。绿色建筑与普通建筑相比具有如下特征：

(1)冬暖夏凉。建筑围护结构的保温隔热性能良好，充分考虑了夏季遮阳隔热和冬季利用太阳能采暖。

(2)通风良好。建筑设计中将自然通风与人工通风相结合，创造良好的通风效果。

(3)光照充足。尽量多地采用自然光，将天然采光与人工照明相结合，营造舒适的室内光环境。

我国太阳能资源较为丰富，在如何因地制宜地充分利用太阳能促进采暖通风的同时，减少夏季进入室内的太阳辐射是绿色建筑节能设计的重点内容之一。

第一，利用太阳能提升建筑室内温度，以达到建筑物冬季采暖的目的。

第二，利用太阳能提供生活热水，降低热水能耗。

第三，利用太阳能促进自然通风，为建筑室内更新空气，促进夏季室内降温排湿，同时保持健康舒适的环境。

第四，合理利用建筑物的自遮挡、建筑群间的相互遮挡和遮阳构件，在满足建筑采光和日照的要求下，减少太阳辐射带来的眩光、过热等危害。

1.2 绿色建筑中的太阳能利用技术

太阳能光热和太阳能光伏是太阳能利用的两种主要技术方式。太阳能光热技术的原理是通过太阳能集热部件吸收太阳辐射并将产生的热能传递到传热介质中；太阳能光伏技术的原理是通过光伏电池吸收太阳辐射并根据“光生伏打”效应将太阳光的短波部分转化成高品质的电能输出。目前，光伏电池组件只能将一部分太阳能转换成电能，其余大部分太阳辐射则转化成热能，因此便衍生了太阳能光伏光热综合利用技术，即在光伏组件背面铺设流道，利用流体介质将热能加以收集利用，提高太阳能综合利用效率。与此相对应，太阳能与建筑一体化应用技术分为光热建筑一体化、光伏建筑一体化、光伏/光热建筑一体化等。

1.2.1 太阳能光热技术

太阳能光热技术历史悠久，太阳能热利用效率高，经济性能好，已获得大规模推广应用。太阳能光热技术在建筑中的利用方式根据该利用过程是否需要机械动力，一般分成太阳能被动式利用技术和太阳能主动式利用技术。太阳能被动式利用技术主要是通过建筑朝向、面积、形体、方位、空间布局的设计，以及建筑材料和构造的恰当选择，达到提高建筑冬季得热、控制夏季室内过热、加强自然通风等目的。太阳能主动式利用技术则是利用各种太阳能集热设备对太阳能经过吸收、转化、存储后为用户提供热量，以满足建筑使用过程中的用能需求；主要有太阳能热水技术、太阳能空气采暖技术和太阳能强化通风技术。

1.2.1.1 太阳能热水技术

太阳能热水技术，是目前最成熟、应用最广泛的太阳能技术，其太阳能转换效率是太阳能光伏技术的2～4倍。随着太阳能热水技术的大规模利用和产业化规模的发展，太阳能热水技术的回收期已经大大缩短，具备了盈利能力和拥有了相应的市场。自20世纪90年代以来，我国太阳能热水技术经过近40年的发展，目前已占据了全世界80%的太阳能光热市场。

特别是我国于2006年颁布《可再生能源建筑应用专项资金管理暂行办法》之后，我国在建筑中应用太阳能热水器的规模得到了飞快发展，目前已经成为世界上最大的太阳能热水器生产国和消费国。许多省市，如北京、上海、天津、山东、安徽等地区均出台了民用建筑太阳能系统强制安装的地方性政策，要求新建宾馆、酒店、商住楼等有热水需要的公共建筑以及12层以下的新建住宅必须安装太阳能热水系统；对于12层以上的高层住宅建筑，鼓励其逐步采用太阳能热水系统。这些政策有力地提高了我国太阳能热水器的普及率，也将极大地促进太阳能热水器的使用范围从农村住宅向城市建筑扩展。

太阳能热水器根据集热器结构的不同分成真空管式和平板式。真空管式太阳能热水器具有价格相对低廉的优势，目前在我国太阳能热水器安装总量中占有较大比重，但其热转移系数小，承压能力不强，不易与建筑结合且在高层建筑应用中存在安全隐患。而平板式太阳能热水器易与建筑相结合并且具有较好的承压性、稳定性、安全性等优势，在高层住宅和大型建筑上具有巨大的市场潜力，发展前景良好。

1.2.1.2 太阳能空气采暖技术

太阳能空气采暖技术根据其结构上是否采用机械动力同样分成被动式和主动式两大类。被动式太阳能空气采暖技术是通过对建筑朝向和周围环境的合理布置、内部空间结构和外部形体的巧妙处理以及围护结构和建筑材料的合理选择，使冬季时建筑物本身能够收集、储存和分配太阳能热量，达到为建筑提供采暖的目的。主动式太阳能空气采暖技术是在建筑上安装太阳能集热器，通过集热器将热量存储在工作介质中，并由泵或风机将热量传输到采暖房间。

被动式太阳能空气采暖技术具有构造简单、造价低廉、维护管理方便等优点，其系统形式多种多样，大致可以分成两种基本集热形式：一种是利用从玻璃门或窗户直接照射到室内的太阳光加热室内地板、墙面或其他物体，这些部件吸收辐射能后又通过自然对流的方式逐渐将热量释放到室内，加热室内空气，使室内空气维持在一定的温度；另一种形式是利用建筑的南墙、屋顶或其他集热部件来吸收太阳辐射能，集热部件外加一层或两层透明盖板，在集热部件与盖板之间形成空气间隙，减少散热——基于该原理可设计为集热蓄热墙式或附加阳光间式。

主动式太阳能采暖技术主要采用空气或水作为储热的工作介质。以水为介质的技术利用水存储太阳能集热器吸收的热量，通过水泵的输送将热水分配到各房间进行供热；包括集热、蓄热、辅助加热、散热、控制等子系统。以空气为介质的技术利用太阳能空气集热器加热空气，并采用风机驱动将热风通过风管输送到采暖房间；包括集热、空气输送管道等子系统；具有结构简单、系统启动快、无防冻问题、泄露影响小、新风功能等优点。相比之下，目前以水为介质的主动式太阳能采暖技术应用更为普遍，缺点是初投资较高，经济性较差，但其具有的蓄热子系统可更好地应对太阳辐射强度不稳定的问题，通过集热、蓄热和散热子系统的合理设计和优化匹配，可以更灵活地应对多变的气候条件。

1.2.1.3 太阳能强化通风技术

自然通风可以为建筑室内带来新鲜空气，把室内受污染的空气冲淡后带走，并在炎热天气时减湿降温，对建筑的健康、舒适和节能具有重要作用。建筑的自然通风通常认为是受热压和风压的单独或共同作用而发生的建筑内空气的流动。太阳能强化通风技术的原理是：利用热压促进通风，利用太阳辐射强化“烟囱效应”，加速空气流动，将太阳热能转化为空气动能，为空气流动提供动力，从而增大室内通风量，改善通风效果。与风压通风相比，采用太阳能强化通风技术更为有效和可控。其形式主要有太阳能烟囱、太阳能通风墙、太阳能集热墙、双层玻璃幕墙和建筑中设置通风塔、中庭、拔风井等。

太阳能强化通风技术不需要增加设备投资，基于建筑本体设计充分合理利用太阳能，改善室内热湿环境、降低建筑能耗，是利用太阳能的有效方式。

1.2.2 太阳能光伏技术

太阳能光伏技术的核心部件是太阳能电池，主要有单晶硅电池、多晶硅电池、化合物半导体薄膜型太阳能电池、硅基薄膜太阳能电池和新材料薄膜型太阳能电池几种。太阳能光伏技术的建筑一体化利用途径是在建筑围护结构外表面铺设光伏阵列，建成光伏建筑，此时光伏组件不但具有建筑外围护结构的功能，而且能产生电力为建筑提供电能。光伏建筑一体化以其美观、节能、节地等优势成为绿色建筑中一个极具发展潜力的方向。

从美观的角度，光伏组件具有独特的色彩和纹理，当作为建筑幕墙的外装饰材料时，可以使建筑展现出独特的美学效果。从节能的角度，光伏建筑的发电既能并网供电也能就地使用，是解决搭建公共电网不便利地区用电问题的有效解决方案，同时作为外围护结构的光伏组件不仅吸收太阳能并将其转化为电能，还能减少墙体得热和室内空调冷负荷。从节地的角度，光伏建筑直接将光伏组件安装在建筑围护表面，无须额外占地。

但是目前光伏组件价格较高，导致光伏建筑中光伏发电成本较为昂贵。光伏建筑的发展主要依靠政府的补贴政策，比如我国和日本实行的是光伏建筑安装成本补贴政策，德国实行的是上网电价补贴政策。我国2012年发布的《关于组织实施2012年度太阳能光电建筑应用示范的通知》中，政府对与建筑高度一体化的光电一体化项目补贴高于建筑中普通安装光伏技术的项目，体现了我国对推进光伏建筑一体化的积极性。

目前光伏技术在建筑中应用和发展存在的问题主要有：光伏电池造价高，初始投资大；光伏发电受太阳辐射影响大，输出不稳定；光伏电池使用寿命短于建筑物使用寿命；对于独立发电系统（非并网），用电系统需要电网供电和光伏系统供电两路供电电路，电路控制较复杂，另外蓄电池容量的衰减也是不容忽视的问题。随着光伏转换效率的提高、应用成本的降低，以及光储直柔技术和智能电网技术的发展，未来光伏建筑一体化应用具有广阔的应用前景。光伏建筑一体化的实现形式主要有光伏屋面一体化、光伏墙面一体化、光伏遮阳一体化、光伏阳台一体化等。

1.2.3 太阳能光热光电综合利用技术

在一定的光照强度下，太阳能晶硅电池输出功率随着自身温度升高而下降，每升高1 ℃，发电效率约下降0.3%。在实际应用中，太阳能电池转换效率为10%～20%，照射到电池表面的太阳能大约有80%的能量转化为热能的形式而没有转化为电能，这部分热能又使得电池温度升高，从而导致电池效率降低。因此，为提高太阳能综合利用效率并解决光伏电池的冷却问题，太阳能光热光电综合利用技术从一开始提出就受到世界范围内许多研究人员的重视。光伏电池冷却方案主要采用空气或者水为冷却介质，相应地，太阳能光热光电综合利用技术的具体应用途径主要有电力-热水、电力-空气采暖、电力-热泵、电力-通风等。最早采用也是最简单易行的就是空气冷却方式。当以空气为介质对光伏电池进行冷却时，在一定的范围内空气流量越大，太阳能光热光电综合利用技术的综合效率越高；但是当采用强迫对流时，一味地增加空气流量会增加风机功耗，反而有可能降低系统的综合效率。对于采用水为冷却介质的太阳能光热光电综合利用技术，其综合性能表现优于以空气为冷却介质的系统，因为水具有更高的比热容，在相同温升、流量、初始温度的情况下可以带走电池板更多的热量。

在建筑中应用太阳能光热光电综合利用技术能够同时提供电能和热能输出，综合效率高，具有全光谱利用、多功能利用、节约太阳集热面积、易于与建筑一体化应用等优点。随着光伏产业和并网光伏技术的发展，太阳能光热光电综合利用技术在未来光伏建筑一体化应用中具有较好的发展前景。

1.2.4 建筑遮阳技术

太阳能除了具有为建筑提供采暖、热水、电力等积极作用，有时候也会带来不利影响，如过多的太阳辐射有可能造成室内眩光和过热。此时，应用建筑遮阳技术一方面可以防止太阳辐射进入室内，避免室内过热，降低夏季的空调负荷；另一方面能够有效避免直射阳光所带来的强烈眩光，阻挡直射阳光或者将其转化为比较柔和的散射光，改善室内光环境。基于此，建筑遮阳在绿色建筑节能设计中的作用日益凸显，在建筑节能、改善室内环境等方面具有显著的社会效益和经济效益。

建筑遮阳技术根据遮阳设施与建筑外窗的位置关系，可分为外遮阳、内遮阳和中间遮阳 3 种形式；根据遮阳设施的安装方式，可分为水平式、垂直式、综合式、挡板式和百叶式 5 种。遮阳措施主要有帘布遮阳、篷布遮阳、百叶遮阳、遮阳板遮阳、建筑自遮阳、玻璃自遮阳、绿化遮阳等形式。

1.3 太阳辐射

太阳辐射经过大气层的反射、散射和吸收，其辐射强度和辐射光谱不断变化，到达地球表面后，太阳辐射分为直射辐射和散射辐射两部分。太阳辐射得热既会影响建筑室内光、热环境，也会影响太阳能光热利用技术的应用效果，是绿色建筑光热环境分析和太阳能光热利用技术应用设计中不可忽视的光源、热源。在进行建筑环境分析和太阳能技术设计时，工程师往往采用典型气象年的气象参数进行计算。典型气象年由根据一定的基准挑选出的“平均月”(标准月)组成。根据建筑节能设计标准的要求，典型气象年的挑选应以近30年的统计为基础，在近10年中进行挑选。典型气象年可反映当地真实的太阳能资源水平和气候条件，具有较高的代表性。典型气象年的逐时气象数据中可以提供的参数包括室外空气温度、水平面总辐射、直射辐射强度、散射辐射强度等。计算不同角度和朝向的表面所获得的太阳辐射强度时，需要将太阳辐射分为直射辐射和散射辐射后进行处理估算，然后再将它们合成到不同的表面上。

太阳辐射方向矢量的计算方法如下：以地心为原点，地球南北极轴为 k 轴，地球绕 k 轴自转，方向如图1.1所示，地球坐标系为 ijk，ioj 为赤道平面，太阳直射光线始终处于坐标平面 koj 内。在地球表面上的建筑通过建筑坐标系 seu 来表述，s 为建筑的正南方向，e 为建筑的正东方向，u 为建筑的正上方，建筑所在地的纬度为 $90°-\phi$。假设地球以太阳为圆心做匀速圆周运动，周期为一年，则在一年中的第 n 天，地球和太阳连线与赤道平面的夹角 γ 为

$$\gamma = 23.5° \cdot \frac{\pi}{180°} \cdot \cos\left(2\pi \frac{n-173}{365}\right) \tag{1.1}$$

此时太阳光线方向在 ijk 坐标系的向量为

$$\vec{\sigma} = \cos\gamma \cdot \vec{j} + \sin\gamma \cdot \vec{k} \tag{1.2}$$

一天内，建筑所在地在 ijk 坐标系内的位置根据太阳时 T_s 可以计算得到：

$$\theta = \frac{T_s - 6}{12} \cdot \pi \tag{1.3}$$

建筑坐标系 seu 与地球坐标系 ijk 的坐标转换关系为

$$\begin{cases} \vec{s} = \vec{i} \cdot \cos\theta\cos\phi + \vec{j} \cdot \sin\theta\cos\phi + \vec{k} \cdot (-\sin\phi) \\ \vec{e} = \vec{i} \cdot (-\sin\theta) + \vec{j} \cdot \cos\theta \\ \vec{u} = \vec{i} \cdot (\sin\phi\cos\theta) + \vec{j} \cdot (\sin\phi\sin\theta) + \vec{k} \cdot \cos\phi \end{cases} \tag{1.4}$$

对于太阳光线方向向量 $\vec{\sigma}$，假设其在建筑坐标系 seu 的坐标为 $\vec{\sigma} = x\vec{s} + y\vec{e} + z\vec{u}$，将方程(1.4)代入，那么

$$\begin{aligned} &(x \cdot \cos\theta\cos\phi - y \cdot \sin\theta + z \cdot \sin\phi\cos\theta)\vec{i} + \\ &(x \cdot \sin\theta\cos\phi + y \cdot \cos\theta + z \cdot \sin\phi\sin\theta)\vec{j} + \\ &(-x \cdot \sin\phi + z \cdot \cos\phi)\vec{k} = \cos\gamma \cdot \vec{j} + \sin\gamma \cdot \vec{k} \end{aligned} \tag{1.5}$$

即

$$\begin{pmatrix} 0 \\ \cos\gamma \\ \sin\gamma \end{pmatrix} = \begin{pmatrix} \cos\theta\cos\phi & -\sin\theta & \sin\phi\cos\theta \\ \sin\theta\cos\phi & \cos\theta & \sin\phi\sin\theta \\ -\sin\phi & 0 & \cos\phi \end{pmatrix} \begin{pmatrix} x \\ y \\ z \end{pmatrix} \tag{1.6}$$

因为该转换矩阵是正交阵，所以有

$$\begin{pmatrix} x \\ y \\ z \end{pmatrix} = \begin{pmatrix} \cos\theta\cos\phi & \sin\theta\cos\varphi & -\sin\varphi \\ -\sin\theta & \cos\theta & 0 \\ \sin\varphi\cos\theta & \sin\varphi\sin\theta & \cos\varphi \end{pmatrix} \begin{pmatrix} 0 \\ \cos\gamma \\ \sin\gamma \end{pmatrix} \tag{1.7}$$

通过计算以上角度便可得到太阳光线方向在建筑坐标系 seu 的坐标向量 $\vec{\sigma} = x\vec{s} + y\vec{e} + z\vec{u}$ 。

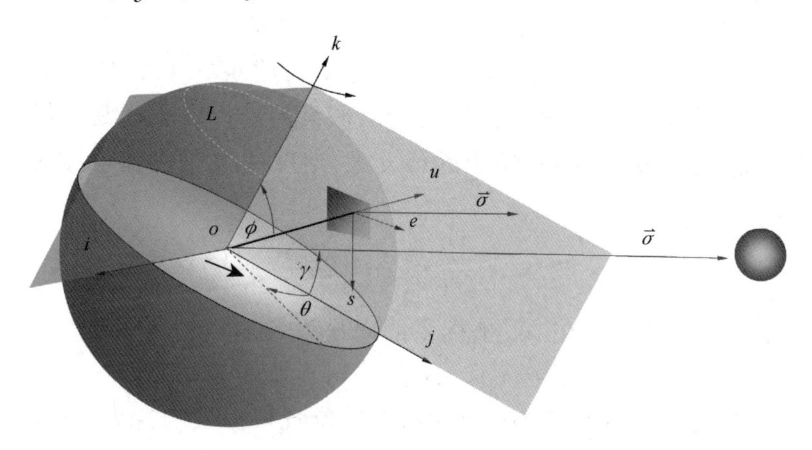

图 1.1　地球坐标与建筑坐标的关系

1.4　太阳能光热利用新技术

太阳能光热利用技术是目前效率最高、经济性最好的太阳能利用方式，但传统的太阳能光热利用技术存在诸多问题：运行效率低、功能单一、与建筑风格不协调、不美观、存在安全隐患等。另外，在绿色建筑应用中一味地利用太阳的热能来获得采暖和热水并不是唯一的利用重点，更理想的方式是利用太阳能为建筑提供充足的日照、采光和热水的同时，冬季利用太阳能采暖、夏季利用太阳能实现室内通风降温并避免过多的太阳辐射进入室内。为改进上述存在的问题，国内外学者提出了许多太阳能光热利用的新技术，主要有太阳能热管集热技术、相变蓄热技术、太阳能多效利用技术、高性能混凝土、智能窗、智能可变遮阳技术等。

本书的主要内容是在现有建筑节能技术的基础上，围绕绿色建筑一体化应用，考虑太阳能利用系统与建筑构件的协调关系，充分利用建筑的围护结构，针对适于与阳台、墙面、窗户和屋顶一体化集成的几种太阳能光热利用新技术——壁挂式太阳能环路热管-热泵热水系统、百叶型太阳能采暖通风墙、瓦型太阳能热水-采暖双效系统、分区智能遮阳系统和热致变色玻璃，开展一系列理论和实验研究，改善建筑的室内环境和提升可再生能源利用率，减少建筑能耗。

第2章　壁挂式太阳能环路热管-热泵热水系统

传统的太阳能热水器在建筑中应用总体上存在以下几个问题：①放置于屋顶的太阳能集热器严重影响建筑美观；②用于集热器与室内之间生活用水输送的长距离管道增加了寒冷地区冬季水管结冻的风险；③现有的壁挂式太阳能集热器仅仅是简单地将集热器悬挂在建筑外墙，并不能完全与建筑立面一体化；④现有的太阳能热水器集热效率往往随着运行水温的升高而降低；⑤对于壁挂式太阳能热水器，为满足热水需求往往需要较大的集热面积，实际应用中经常发现所需的集热面积超过了建筑立面的可用面积，导致热水供应不足。为解决以上几个问题，壁挂式太阳能环路热管-热泵热水系统将集热器制作成平板式可嵌入建筑立面或作为建筑装饰性结构的模块化构件，可以实现太阳能利用与建筑的完美结合；将具有防冻、高导热和长距离传热特性的环路热管（loop heat pipe，LHP）与热泵系统结合起来，使环路热管始终处于稳定且较低的工作温度，提高其光热转换效率，同时通过环路热管内运行工质的选择和环路热管结构的设计，能够大大提高集热器的抗冻性能和长距离传热能力，实现集热与储热分离，避免了建筑内外长距离输水导致的水管结冻问题的发生。

本章首先介绍了壁挂式太阳能环路热管-热泵热水系统的工作原理，搭建了壁挂式太阳能环路热管-热泵热水系统的实验平台，并对系统的运行特性进行理论研究，同时建立了壁挂式太阳能环路热管-热泵热水系统的动态数学模型，利用实验结果进行验证，最后结合北京、合肥、广州、伦敦、斯德哥尔摩和马德里6个地区的典型气象年数据，对太阳能环路热管-热泵热水系统在以上地区的使用进行了全年运行性能的模拟预测和经济性分析。

2.1　壁挂式太阳能环路热管-热泵热水系统的工作原理

壁挂式太阳能环路热管-热泵热水系统包括室外部分和室内部分，两者通过环路热管的气液传输管道耦合连接，如图 2.1 所示。其中，室外部分是由玻璃盖板、吸热板和环路热管蒸发管构成的平板集热器模块，集热器背面是作为环路热管蒸发段的热管铜管，焊接在吸热板背面。吸热板为铝板，表面覆盖有选择性吸收涂层，用以吸收太阳辐射使环路热管蒸发管内的工质沸腾。环路热管的蒸发段和冷凝段可以设置在距离相隔较远的位置，既可以克服整体热管不易实现远距离热量传递的缺点，又能利用热管内低沸点工质的相变过程实现热量快速传导。由于环路热管中可以采用制冷工质，因此可以解决传统集热器冬季或夜晚的结冻问题，有利于系统在北方地区的正常运行。室内部分则包括二级水箱、主水箱、板式换热器、热泵装置等部件。其中，二级水箱中的板式换热器作为环路热管的冷凝段，与集热器的蒸发段之间通过热管工质管道连接，实现热量的远距离快速传输。热泵子系统中使用环路热管冷凝段的放热作为热泵蒸发器的热源，可以提升热泵系统的制热性能，同时避免热泵在低温环境下的结霜问题。

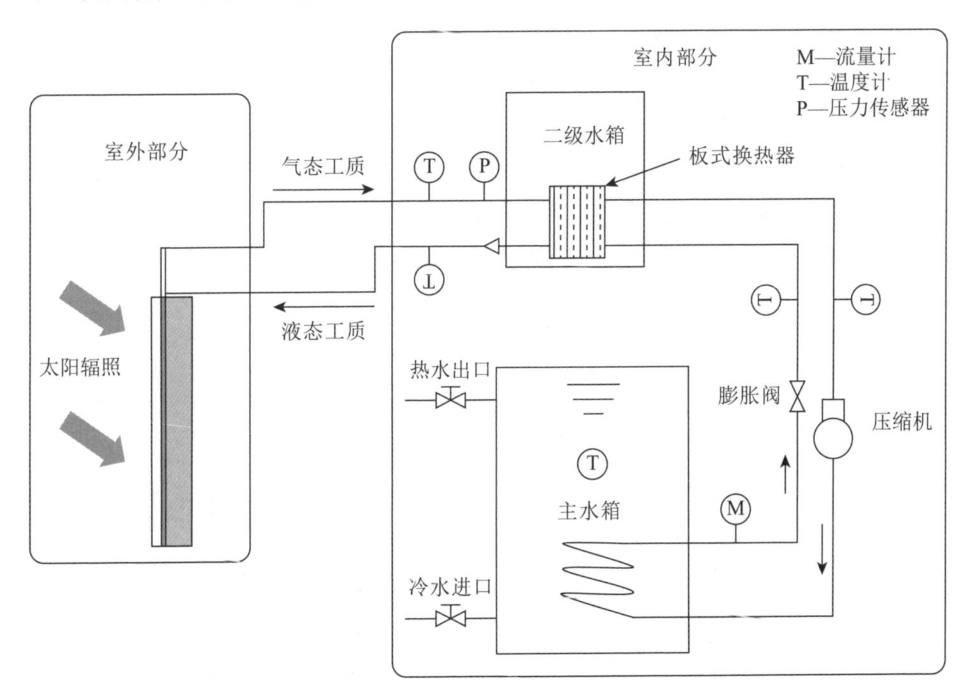

图 2.1　壁挂式太阳能环路热管-热泵热水系统示意

系统的工作原理：当系统运行时，集热器吸热板将接收到的太阳能转化成热能传递到环路热管蒸发管中，使得蒸发管中的液态工质蒸发沸腾；

热管液态工质蒸发汽化后，在浮力作用下携带着吸收的太阳热能通过输气管路从室外进入室内二级水箱内的板式换热器；在换热器内，气态工质经过与二级水箱中的水或换热器另一侧的热泵工质充分换热后等温冷凝成液体并输出热能，同时环路热管中冷凝后的液态工质经过输液管路回流到室外部分，之后在重力的作用下平均分流到串联的蒸发管中；流入蒸发管中的液体工质又吸收太阳能后受热蒸发流入室内，完成一次环路热管循环。蒸发管的上部安装有汽液分离三通装置，如图 2.2 所示，以防止进入输气管道的蒸汽携带回流液体引起蒸发管干枯，从而导致热管丧失传热能力。室内热泵装置的启停由二级水箱的水温控制，当水温达到预先设定的启动温度（比如 35 ℃）时，开启热泵将环路热管和二级水箱中的热量传递到主水箱中。热泵系统由 4 部分组成，分别是蒸发器、压缩机、冷凝器和节流设备。热泵开启时二级水箱中的板式换热器充当热泵蒸发器与热泵压缩机连接，通过主水箱中的蛇形盘管将热泵冷凝热释放到主水箱中，使得环路热管和二级水箱储水的温度降低。其运行原理是：热泵系统中的制冷剂流经蒸发器，吸收由环路热管传输过来的热能后蒸发为气态，之后制冷剂进入压缩机，经过压缩机对其做功后成为高温高压气体，然后进入冷凝器放热，放出的热量用来制取主水箱的热水，放出热量后的制冷剂冷凝为液体，流经毛细管等节流设备后成为低温低压的液体，再次进入蒸发器吸热，形成一个循环。当二级水箱中的水温低于预先设定的关停温度（比如 30 ℃）时，热泵系统停

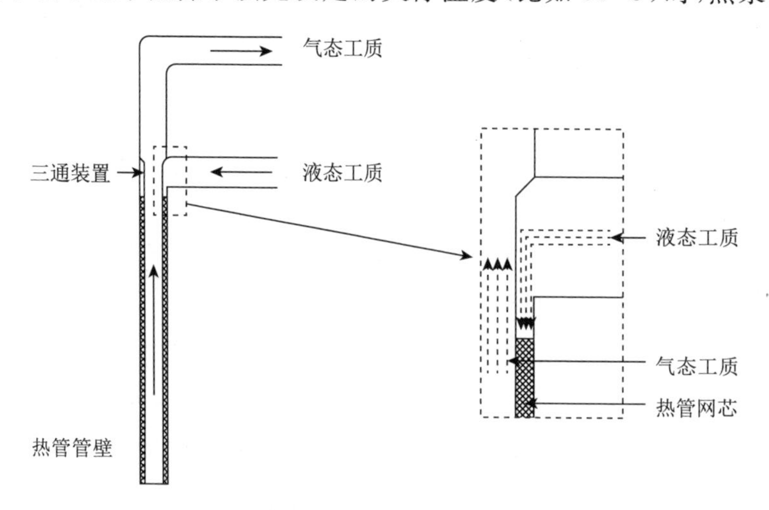

图 2.2　环路热管汽液分离三通装置示意

止运行。通过热泵的启停,能够保证环路热管在相对低的温度下工作,达到降低太阳能集热温度、提高集热效率以及减少集热面积的目的。虽然系统中加装热泵子系统会导致初投资和电能消耗的增加,但如果选择适当的启停温度,由于集热面积减少,成本降低,此时仍然能给用户带来更大的收益。因此,尽管热泵运行时会消耗一部分电能,合理设计热泵子系统的制热量和启停温度,可提高壁挂式太阳能环路热管-热泵热水系统的运行性能和经济性。

2.2　壁挂式太阳能环路热管-热泵热水系统稳态模型的理论分析

2.2.1　系统的稳态数学模型

壁挂式太阳能环路热管-热泵热水系统的能量转换和传递过程包括:

(1)集热器吸收透过玻璃盖板照射到吸热板表面的太阳辐射能 Q_{abs},其中一部分能量通过热管蒸发管外壁传递给热管工质(Q_{th}),剩余部分能量以热损的形式散失到环境中(Q_L)。

(2)吸收热量后蒸发沸腾的热管蒸发管的液态工质转化成气态工质,通过环路热管携带这部分能量到二级水箱的换热器中(Q_u)。

(3)输送到换热器中的能量一部分传递到二级水箱($Q_{s,th}$),另一部分传递给热泵蒸发器的制冷工质($Q_{e,t}$)。

(4)制冷工质经压缩机升温、升压后进入主水箱中的冷凝器,输出热能。

图 2.3 给出了室外部分集热器的换热关系,可以看出,集热器内部吸热板吸收的太阳能一部分通过导热传递给环路热管,另一部分通过辐射和

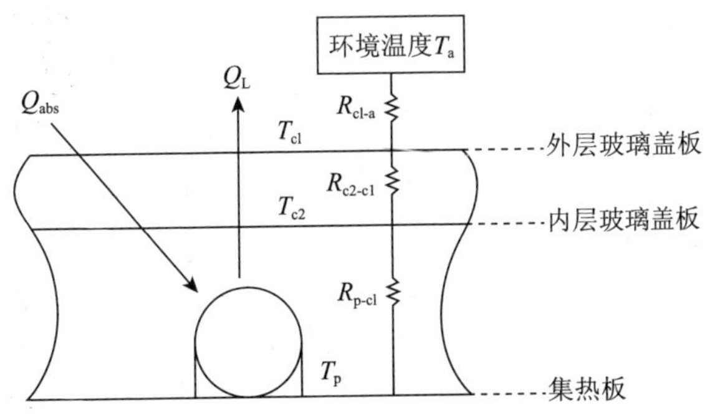

图 2.3　室外集热器换热示意

对流的方式散失到环境中。

图 2.4 给出了环路热管的传热过程,环路热管蒸发管吸收的热量通过热管管壁和丝网网芯传递给热管工质使其蒸发沸腾,受热蒸发产生的气态工质又通过传输管路输送到二级水箱,在换热器换热板中冷凝放热。

环路热管和太阳能集热器的能量平衡方程:

$$\tau_g \alpha_c A_m I - U_L A_m (T_p - T_a) = \frac{T_p - T_{hx}}{R_1 + R_2 + R_3 + R_4 + R_5} \tag{2.1}$$

式中,I 为太阳能辐射亮度,W/m^2;$\tau_g \alpha_c A_m I$ 表示集热器吸热板吸收的有效太阳能,W。

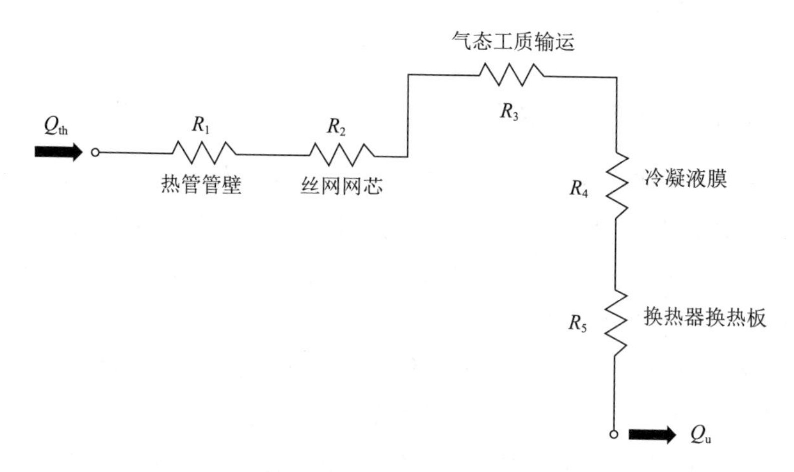

图 2.4 环路热管传热示意

由于吸热板表面和周围环境存在温差,一部分能量会通过玻璃盖板传递到周围环境中。对于表面温度为 T_p 的吸热板,通过计算 $U_L A_m (T_p - T_a)$ 可以得到集热器的热损 Q_L。U_L 表示吸热板通过双层玻璃盖板对环境空气的热损系数,表达式如下:

$$U_L = \frac{1}{h_{c,p\text{-}c2} + h_{R,p\text{-}c2}} + \frac{1}{h_{c,c2\text{-}c1} + h_{R,c2\text{-}c1}} + \frac{1}{h_{c,c1\text{-}a} + h_{R,c1\text{-}a}} \tag{2.2}$$

吸热板与中间层玻璃盖板的对流换热系数表示为

$$h_{c,p\text{-}c2} = \frac{K_{a,p}}{\delta_{a,p}} \left\{ 1 + 1.446 \left(1 - \frac{1708}{Ra_{a,p} \cos\theta} \right)^{+} \cdot \left[1 - \frac{1708 \sin(1.8\theta)^{1.6}}{Ra_{a,p} \cos\theta} \right] + \left[\left(\frac{Ra_{a,p} \cos\theta}{5830} \right)^{0.33} - 1 \right]^{+} \right\} \tag{2.3}$$

$$Ra_{a,p} = \frac{g(T_p - T_{c2})\delta_{a,p}^3}{\nu_{a,p}^w T_{a,m}} Pr_{a,p} \tag{2.4}$$

$$T_{a,m} = (T_p + T_{c2})/2 \tag{2.5}$$

吸热板与中间层玻璃盖板的辐射换热系数表示为

$$h_{R,p\text{-}c2} = \frac{\sigma(T_p + T_{c2})(T_p^2 + T_{c2}^2)}{1/\xi_p + 1/\xi_{c2} - 1} \tag{2.6}$$

采用相同的分析方法可以得到,中间层玻璃盖板与外层玻璃盖板的对流换热系数和辐射换热系数分别为

$$h_{c,c2\text{-}c1} = \frac{K_{a,c}}{\delta_{a,c}}\left\{1 + 1.446\left(1 - \frac{1708}{Ra_{a,c}\cos\theta}\right)^+ \cdot \left[1 - \frac{1708\sin(1.8\theta)^{1.6}}{Ra_{a,c}\cos\theta}\right] + \left[\left(\frac{Ra_{a,c}\cos\theta}{5830}\right)^{0.33} - 1\right]^+\right\} \tag{2.7}$$

$$Ra_{a,c} = \frac{g(T_{c2} - T_{c1})\delta_{a,c}^3}{\nu_{a,c}^2 T_{c,m}} Pr_{a,c} \tag{2.8}$$

$$T_{c,m} = (T_{c1} + T_{c2})/2 \tag{2.9}$$

$$h_{R,c2\text{-}c1} = \frac{\sigma(T_{c1} + T_{c2})(T_{c1}^2 + T_{c2}^2)}{1/\xi_{c1} + 1/\xi_{c2} - 1} \tag{2.10}$$

外层玻璃盖板与周围环境的对流换热系数为

$$h_{c,c1\text{-}a} = \frac{8.6V^{0.6}}{L^{0.4}} \tag{2.11}$$

当计算的结果小于 5 $W/(m^2 \cdot K)$时,应取 5 $W/(m^2 \cdot K)$作为对流换热系数的最小值。

外层玻璃盖板与周围环境的辐射换热系数为

$$h_{R,c1\text{-}a} = \xi_{c1}\sigma(T_{c1} + T_a)(T_{c1}^2 + T_{c2}^2) \tag{2.12}$$

对于单层玻璃盖板的集热器模块,移除中间层玻璃盖板与外层玻璃盖板的对流和辐射换热系数,可通过类似的计算方法得到吸热板通过单层玻璃盖板对环境空气的热损系数,不再赘述。

假设吸热板与热管蒸发管管壁外表面温度相同,方程(2.1)的右边部分$(T_p - T_{hx})/(R_1 + R_2 + R_3 + R_4 + R_5)$,表示从热管蒸发管管壁传递到换热器换热表面的太阳能 Q_u。这部分热量会通过板式换热器被热泵工质和二级水箱内的水吸收。集热器模块的太阳能热效率可以定义为

$$\eta_{th} = \frac{Q_{th}}{A_m I} = \frac{Q_u}{A_m I} \tag{2.13}$$

该过程包含 5 个影响环路热管传热性能的热阻，具体如下：

(1)蒸发管管壁的导热热阻：

$$R_1=\frac{\ln(D_{hp,o}/D_{hp,in})}{2\pi L_{hp,e}K_{hp}N_{hp}} \tag{2.14}$$

(2)丝网网芯的导热热阻：

$$R_2=\frac{\ln(D_{hp,in}/D_{v,e})}{2\pi L_{hp,e}K_{wi}N_{hp}} \tag{2.15}$$

$$K_{wi}=\frac{K_l[(K_l+K_s)-(1-\xi_{wi})(K_l-K_s)]}{[(K_l+K_s)+(1-\xi_{wi})(K_l-K_s)]} \tag{2.16}$$

$$\xi_{wi}=1-\frac{1.05\pi n_{wi}D_{wi}}{4} \tag{2.17}$$

式中，K_{wi} 表示网芯有效导热系数，考虑了网芯孔隙率和工质饱和系数的影响。

(3)气体工质的输运热阻：从蒸发管受热蒸发的热管工质输送到冷凝换热器的过程中有压降和温降的产生，这部分热阻可以表示为

$$R_3=\frac{T_v^2R_0\Delta P_vN_{hp}}{Q_uh_{fg}P_v} \tag{2.18}$$

$$\Delta P_v=\Delta P_{v,e}+\Delta P_{v,f}+\Delta P_{v,tl}+\Delta P_{v,hx} \tag{2.19}$$

蒸发段的压降：

$$\Delta P_{v,e}=-\frac{Q_u}{8\rho_v\ (D_{v,e}/2)^4h_{fg}N_{hp}} \tag{2.20}$$

蒸汽集管的压降：

$$\Delta P_{v,f}=-\frac{4\mu_vL_fQ_u}{\pi\rho_v\ (D_{v,f}/2)^4h_{fg}N_{hp}} \tag{2.21}$$

输汽管道的压降：

$$\Delta P_{v,tl}=-\frac{4\mu_vL_{tl}Q_u}{\pi\rho_v\ (D_{v,tl}/2)^4h_{fg}N_{hp}} \tag{2.22}$$

冷凝段的压降：

$$\Delta P_{v,hx}=\frac{4}{\pi^2}\cdot\frac{Q_u}{8\rho_v\ (D_{v,hx}/2)^4h_{fg}N_{hp}}\cdot\frac{1}{N_{hx}/2-1} \tag{2.23}$$

(4)冷凝液膜的热阻：气体工质在冷凝换热器表面冷凝时会形成冷凝液膜，其热阻可由下式计算：

$$R_4=\frac{\ln[D_{hx,in}/(D_{hx,in}-2\delta_{lf})]}{2\pi L_{lf}K_{lf}(N_{hx}/2-1)} \tag{2.24}$$

(5)换热器换热板的导热热阻：

$$R_5 = \frac{\ln[D_{hx,o}/D_{hx,in}]}{2\pi(H_{hx}/2)K_{hx}(N_{hx}/2-1)} \tag{2.25}$$

二级水箱中的水与板式换热器的能量平衡方程为

$$Q_{s,tk} = h_{c,w\text{-}hx}A_{hx,s}(T_{hx} - T_{s,tk}) \tag{2.26}$$

$$h_{c,w\text{-}hx} = \frac{K_w Nu_{w\text{-}hx}}{H_{hx}} \tag{2.27}$$

$$Nu_{w\text{-}hx} = 0.68 + \frac{0.67Ra^{1/4}}{[1+(0.492/Pr)^{9/16}]^{4/9}} \tag{2.28}$$

$$Ra_{w\text{-}hx} = \frac{g\beta(t_{hx} - t_{s,tk})H_{hx}^3}{\nu\alpha} \tag{2.29}$$

热泵启动时，热泵系统通过消耗部分高品质的电能，使工质在板式换热器中吸收来自环路热管和二级水箱的低温热量，并将其转换为高温热量加热主水箱中的生活用水。主水箱中的生活用水吸收的能量是压缩机消耗的电能和从板式换热器中吸收的低温热能之和。

板式换热器里热泵蒸发器工质所吸收的热量为

$$Q_{e,t} = m_r A_{c,r}(H_1 - H_4) \tag{2.30}$$

在稳态运行模式下，环路热管输送的有效热量等于二级水箱中的水吸收的能量与热泵工质吸收的热量，表达式如下：

$$Q_u = Q_{s,tk} + Q_{e,t} \tag{2.31}$$

流经板式换热器的热泵工质吸热蒸发的过程为强迫对流，能量方程为

$$u\frac{\partial(\rho_r H_r)}{\partial x} = \frac{\pi D_{hx,in}}{A_{hx,r}}h_r(T_{hx} - T_r) \tag{2.32}$$

其中，H_r 是热泵工质的平均比焓，表达式如下：

$$H_r = xH_v + (1-x)H_l \tag{2.33}$$

下式可用来计算热泵工质单相流动的对流换热系数：

$$h_r = \frac{0.023\,Re^{0.8}\,Pr^a K_r}{D_{hx,in}} \tag{2.34}$$

其中，液态和气态在计算时指数 a 分别取 0.3 和 0.4。

对处于两相区的工质的对流换热系数，由下式计算得到：

$$h_r = \begin{cases} h_{tp}(x) - 3.4X^{-0.45}h_l, 0 < x \leqslant x_d \\ h_{tp}(x_d) - \left(\frac{x - x_d}{1 - x_d}\right)^2 [h_{tp}(x_d) - h_v], x_d < x \leqslant 1 \end{cases} \tag{2.35}$$

式中，x_d 为蒸干点的干度；X 为 Lockhart-Martinelli 数，由下式计算得到：

$$X=\left(\frac{\mu_l}{\mu_v}\right)^{0.1}\left(\frac{\rho_v}{\rho_l}\right)^{0.5}\left(\frac{1-x}{x}\right)^{0.9} \tag{2.36}$$

流过压缩机的热泵工质质量流量计算式：

$$m_r=\frac{\eta_v n V_d}{60 v_s} \tag{2.37}$$

式中，η_v 为压缩机的容积系数；n 为压缩机转速；V_d 为压缩机的气缸容积；v_s 为压缩机入口的热泵工质比容。

压缩机的理论输入功率（N_{th}）和实际输入功率（N_{in}）分别为

$$N_{th}=\eta_v n V_d P_s\frac{k}{k-1}\left[\left(\frac{P_d}{P_s}\right)^{k/(k-1)}-1\right] \tag{2.38}$$

$$N_{in}=\frac{N_{th}}{\eta_i\eta_m\eta_{mo}} \tag{2.39}$$

式中，η_i、η_m 和 η_{mo} 分别为压缩机的指示效率、机械效率和电机效率，分别取 0.85、0.88 和 0.90。

流过膨胀阀的工质质量流量值由下式计算：

$$m_r=C_f A_f\sqrt{2\rho_r(P_c-P_e)} \tag{2.40}$$

式中，C_f 为膨胀阀的流量系数；P_c 和 P_e 分别为膨胀阀进口和出口的压力。

热泵工质在水冷冷凝器内经历过热、两相和过冷的变化向水箱释放热量，工质的传热模型与方程(2.32)相同。但是由于冷凝器与蒸发器中的对流换热性能不同，因此冷凝器两相区中的热泵工质的对流换热系数由以下关系式计算得到：

$$h_{tp}=h_l\left[(1-x_r)^{0.8}+\frac{3.8x_r^{0.76}(1-x_r)^{0.04}}{Pr_r^{0.38}}\right] \tag{2.41}$$

主水箱内的冷凝水与热泵冷凝工质间的换热方程为

$$Q_c=H_r A_i(T_r-T_{cc})=H_w(T_{cc}-T_{tk}) \tag{2.42}$$

太阳能环路热管-热泵热水系统的性能评价指标除了太阳能集热效率，还包括热泵系统的性能系数(coefficient of performance，COP)。热泵系统 COP 是主水箱冷凝水的得热与压缩机输入功率的比值：

$$\mathrm{COP}=\frac{Q_c}{N_{in}} \tag{2.43}$$

2.2.2　计算流程

对上述的能量平衡方程组利用数值迭代方法进行求解，给定太阳辐射强度、环境温度、风速、水温初值等边界条件，结合工质的物性参数、阻力压降和换热系数关系式，使用 Matlab 编写相应的计算程序，可以计算出太阳能环路热管-热泵热水系统集热过程的得热效率和性能系数。

图 2.5 给出了太阳能环路热管-热泵热水系统稳态模型程序的计算流程。

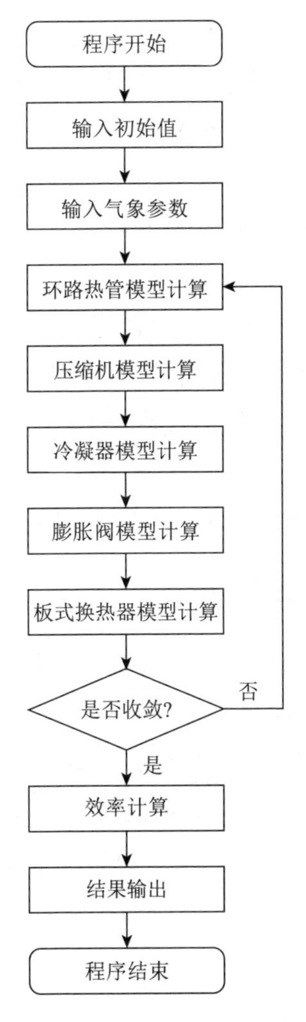

图 2.5　太阳能环路热管-热泵热水系统稳态理论模型程序计算流程

(1)计算程序开始时,首先输入系统结构参数,包括集热面积、环路热管蒸发管数量、环路热管蒸发管的内外径、网芯参数、板式换热器换热面积、二级水箱容积、压缩机容量、主水箱容积等。

(2)进行系统运行参数的初始化,包括输入太阳辐射、环境温度、风速等气象参数,赋予吸热板温度、板式换热器换热面温度、主水箱和二级水箱水温、热泵工质物性参数等计算初始值。

(3)进入环路热管模型求解过程,以气象参数和初始板式换热器换热面温度为边界条件,调用环路热管计算子程序,求解环路热管和太阳能集热器的能量平衡方程,计算得到环路热管吸热管表面温度。

(4)求解压缩机模型。假定压缩机进口参数和压缩机出口压力,对压缩机模型进行计算,计算得到压缩机出口工质参数。

(5)求解冷凝器模型。根据压缩机出口参数求解热泵冷凝器模型,计算出冷凝水温、冷凝水吸收的热量和冷凝器出口参数。

(6)求解膨胀阀模型。根据步骤(4)假定的压缩机入口压力和冷凝器出口参数计算得到膨胀阀的工质质量流量。

(7)求解板式换热器模型。比较计算得到的板式换热器换热面温度和步骤(3)假定的板式换热器换热面温度,如果收敛则进入下一步,否则返回步骤(3)重新计算。

(8)计算系统的集热效率和COP,并输出结果。

2.2.3 系统稳态计算结果与分析

壁挂式太阳能环路热管-热泵热水系统的性能由运行环境和系统参数决定。为分析该系统在不同热管工质和不同运行参数下的运行性能,环路热管和热泵子系统基本参数的初步设计值见表2.1,其中热泵工质采用R134a。本节利用建立的壁挂式太阳能环路热管-热泵热水系统的理论稳态模型,分析计算了热管工质、玻璃盖板数量、太阳辐射、板式换热器换热面积以及环境温度的变化对系统性能的影响,为下一步系统实验台的搭建提供设计依据。

表 2.1 环路热管(LHP)和热泵子系统的参数设计

参 数	符 号	值	单 位
LHP 蒸发管外径	$D_{hp,o}$	0.016	m
LHP 蒸发管内径	$D_{hp,in}$	0.015	m
LHP 蒸发管传热系数	K_{hp}	394	W/(m·K)
蒸发管长度	$L_{hp,e}$	1.2	m
三通汽液分离器内径	$D_{v,f}$	0.014	m
LHP 蒸发管与冷凝器高差	$H_{hx\text{-}hp}$	0.25	m
LHP 充注量	m_f	35	%
LHP 传输管外径	$D_{ltl,o}/D_{vtl,o}$	0.032	m
LHP 传输管内径	$D_{ltl,in}/D_{vtl,in}$	0.029	m
LHP 传输管长度	L_{ltl}/L_{vtl}	1.0/1.2	m
网芯孔径（第一层网芯）	$D_{owi,ms}$	7.175×10^{-5}	m
网芯厚度（第一层网芯）	$\delta_{owi,ms}$	3.75×10^{-4}	m
孔目数（第一层网芯）	$n_{owi,ms}$	6299	个/m
网芯孔径（第二层网芯）	$D_{iwi,ms}$	12.23×10^{-5}	m
网芯厚度（第二层网芯）	$\delta_{iwi,ms}$	3.75×10^{-4}	m
孔目数（第二层网芯）	$n_{iwi,ms}$	2362	个/m
网芯传热系数	$K_{s,ms}$	394	W/(m·K)
蒸发管数量	N	10	
二级水箱容量	$V_{s,tk}$	30	L
板式换热器换热面积	A_{hx}	0.4	m^2
压缩机容量	$N_{in,rated}$	0.25	HP
冷凝器冷凝盘管直径	D_{cc}	9.52	mm
冷凝盘管厚度	δ_{cc}	1.00	mm
冷凝盘管长度	L_{cc}	4	m
主水箱储水量	V_{tk}	150	L

对于热管工质的选择，通过运行以上稳态计算程序，分别采用蒸馏水和制冷剂 R22、R134a 和 R600a 为热管工质，保持系统的结构参数和环境参数不变，可以计算得到热管工质的选择对系统热性能的影响。图 2.6 给出了在选择不同热管工质的情况下环路热管蒸发管表面温度(T_p)、有效集热量(Q_{th})、集热效率(η_{th})、性能系数 COP 的变化曲线。从图 2.6 中可以看出，使用制冷剂为热管工质时蒸发管的表面温度超过使用蒸馏水为工质时的蒸发管表面温度；而在 3 种制冷剂中，使用 R600a 作为热管工质的表面温度是最低的。对于系统得到的有效太阳辐射能，使用蒸馏水为工质时优于使用制冷剂为工质时；而在 3 种制冷剂中，使用 R600a 可以得到最多的有效热量。同时可以发现，使用蒸馏水为热管工质时，系统可以得到更高的太阳能集热效率和 COP。对于 3 种制冷工质，使用 R600a 为工质时能够比 R134a 和 R22 获得更高的太阳能集热效率和 COP。这个现象可以这样解释：在相同的温度、压力下蒸馏水的蒸发潜热大约为制冷剂蒸发潜热的 10 倍，因此在相同吸热条件下，制冷剂的蒸发速率更快。热管内工质质量流量的增加会使得管内的压降提高，从而导致蒸汽工质热阻的增加。同时蒸馏水的导热系数比 3 种制冷剂高，这就导致了较低的网芯热阻和冷凝热阻。蒸馏水作为热管工质的优越性使传输到热泵蒸发器的热量和蒸发温度得到提高，从而获得较高的热泵 COP。因此，相比 3 种制冷剂作为热管工质，显然蒸馏水可以得到更好的热性能。对于本章提出的壁挂式太阳能环路热管-热泵热水系统，热管工质的选择不仅应该考虑工质的热物性，而且应该考虑在运行温度范围内工质的饱和压力，该压力正是热管承受的压力。由蒸馏水的性质可知，在系统运行温度范围内，蒸馏水的饱和压力远低于大气压力，这就要求在热管充注工质时需要先抽真空，这对系统的气密性提出了更高的要求。而所选的 3 种制冷剂在热管运行温度范围内的饱和压力正好与大气压力相匹配，不仅可以简化工质充注程序，方便系统检漏，而且提高了系统运行的稳定性。从上面的计算结果可以看出，选择 R600a 作为热管工质时的系统热性能优于另外两种制冷剂 R134a 和 R22。因此，壁挂式太阳能环路热管-热泵热水系统中选用 R600a 为环路热管的工质。

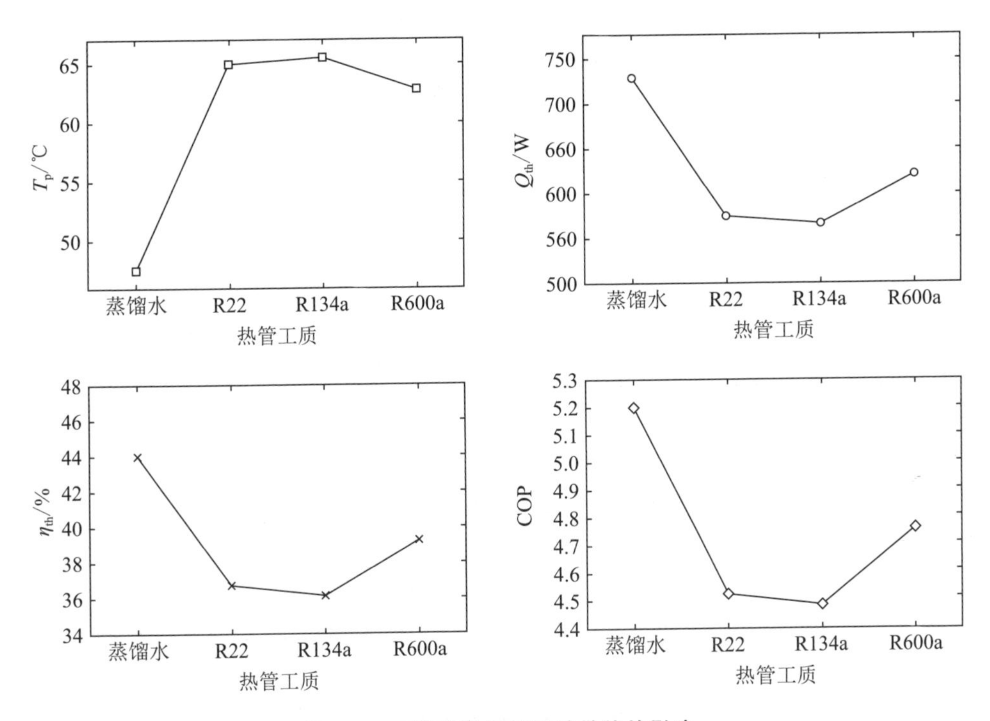

图 2.6　工质的选择对系统性能的影响

对于玻璃盖板数量的影响，比较了集热器玻璃盖板数量为 0、1、2 时系统的性能，玻璃盖板设计为厚度 4 mm 的超白布纹钢化玻璃。由于玻璃盖板的透过率会随太阳光入射角的增大而减小，因此计算时玻璃盖板对太阳辐射的透过率和反射率采用太阳光入射角为 0°时的值，分别为 91.2%和 7.9%。保持系统其他结构参数和环境参数不变，运行以上稳态计算程序，计算模拟结果如图 2.7 所示。从图 2.7 中可以看出，盖板数量的增加提高了系统的集热效率(25.9%～44.7%)和性能效率 COP(3.69～5.27)。系统添加 1 块玻璃盖板与不加盖板相比，集热效率和 COP 的提高比例分别为 51.5%和 28.8%；系统添加 2 块玻璃盖板与 1 块盖板相比，集热效率和 COP 的提高比例分别为 14.0%和 10.8%。这个现象可以这样解释：玻璃盖板的增加减少了环路热管吸热板与外界环境的换热，从而提高了系统集热效率和 COP。考虑到壁挂式太阳能系统的安全性，同时兼顾减少系统热损和减轻室外集热器部分质量，系统的盖板数选择单层盖板。

对于板式换热器的换热面积的影响，在保持系统其他结构参数和环境参数不变的情况下，分别计算了板式换热器换热面积为 0.2 m^2、0.4 m^2 和

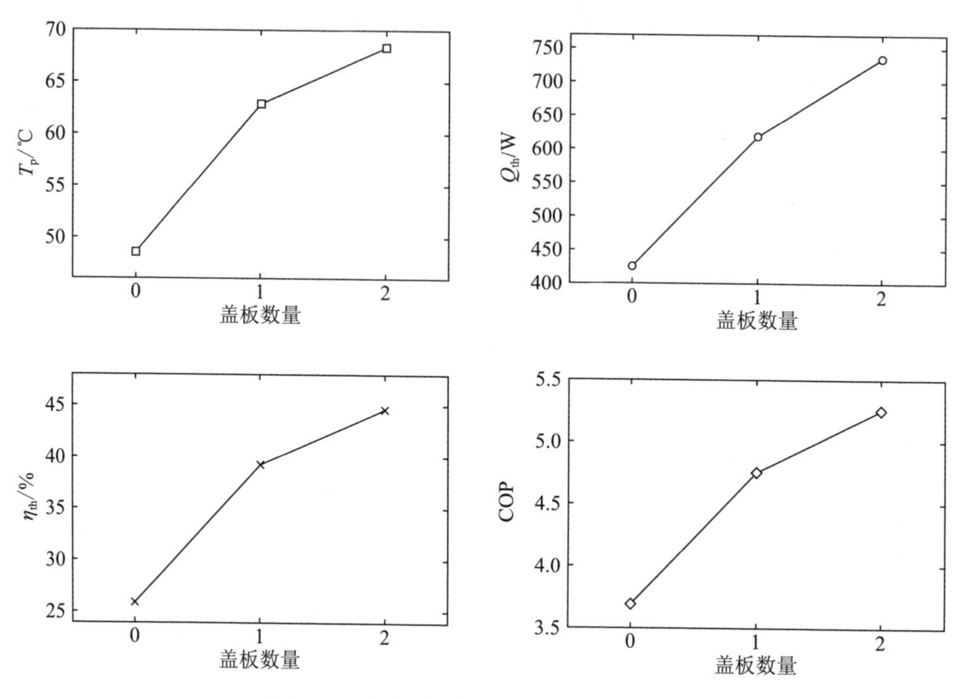

图 2.7 玻璃盖板数量对系统性能的影响

0.6 m^2时的系统性能，计算结果如图 2.8 所示。理论上，板式换热器面积的增加会增强热管冷凝工质与热泵蒸发工质之间的换热能力，从而提高系统的热量输出。计算结果表明，采用更大的换热面积降低了热管蒸发管表面温度（从 62.8 ℃降到 55.6 ℃），提高了系统集热效率（从 39.2%提高到 47.3%）和 COP（从 4.76 提高到 5.36）。换热面积由 0.2 m^2提高到 0.4 m^2时，系统集热效率和 COP 的提高比例分别为 17.1%和 10.8%；换热面积由 0.4 m^2提高到 0.6 m^2时，系统集热效率和 COP 的提高比例分别为 2.9%和 1.6%。同时需要注意的是，换热面积的增大会导致系统工质充注量的增加和流动压降的增加，因此换热面积大小的确定需要同压缩机选型相匹配。

对于运行环境参数对系统性能的影响，通过改变太阳能辐射强度和环境温度，在保持系统结构其他参数不变的情况下，计算得到系统的性能表现。由图 2.9 和图 2.10 可以看出，太阳辐射强度由 200 W/m^2提高到 800 W/m^2时，热管蒸发管表面温度、太阳能集热效率和 COP 均得到显著提高；环境温度由 10 ℃提高到 30 ℃时，热管蒸发管表面温度、太阳能集热效率和 COP 同样呈现上升趋势。

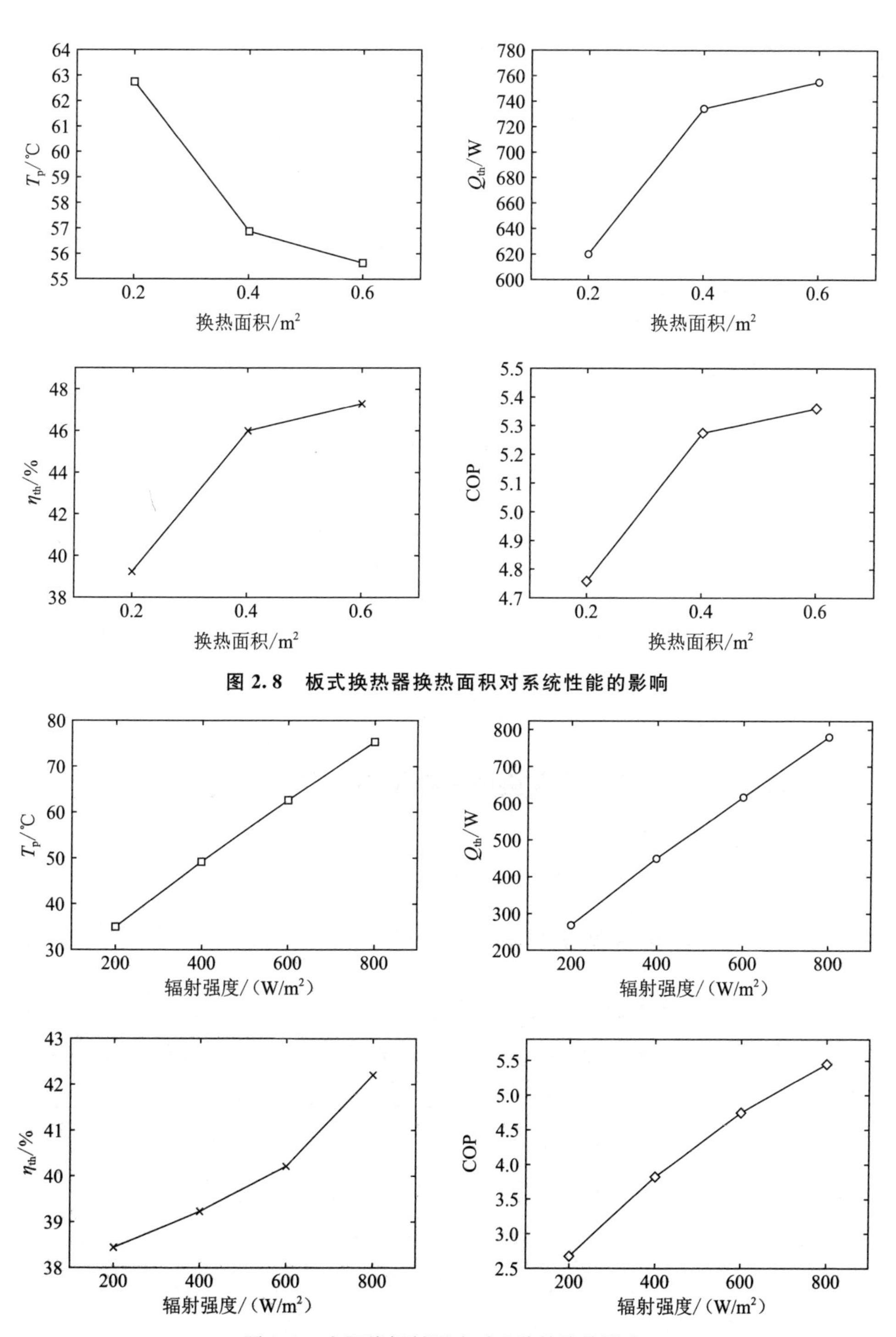

图 2.8　板式换热器换热面积对系统性能的影响

图 2.9　太阳能辐射强度对系统性能的影响

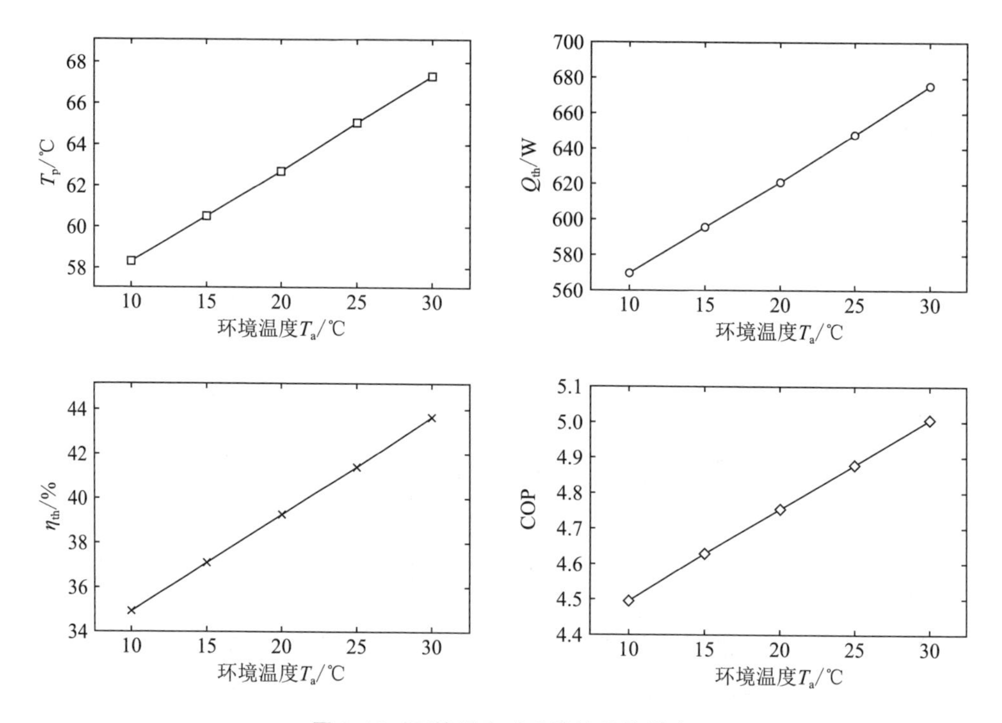

图 2.10 环境温度对系统性能的影响

2.3 壁挂式太阳能环路热管-热泵热水系统主要部件和测试装置

2.3.1 系统主要部件结构参数

通过上一节的理论计算分析，我们设计并搭建了壁挂式太阳能环路热管-热泵热水系统实验平台，系统集热器面积为 2.4 m^2，两侧和底部均使用玻璃纤维加强隔热保温，集热器上表面覆盖一层 3 mm 厚的平板玻璃盖板。集热器包括两块集热面积为 1.2 m^2 的吸热板，环路热管蒸发管直接焊接在吸热板背面，单块吸热板的蒸发管数是 5 根。蒸发管的长度为 1.2 m，内、外径分别为 0.015 m、0.016 m，蒸发管内的三通汽液分离器内径为 0.014 m。环路热管的热管吸液芯采用两层卷绕丝网芯的结构：第一层网芯厚度 3.75×10^{-4} m，每米的孔目数是 6299，孔径 7.175×10^{-5} m；第二层网芯厚度 3.75×10^{-4} m，每米的孔目数是 2362，孔径 12.23×10^{-5} m。环路热管的蒸发管通过长度分别为 1.2 m 和 1.0 m 的汽/液传输管道与放置于容量为 30 L 的二级水箱内的换热面积为 0.9 m^2 的板式换热器构成环路热管循环。环路热管抽真空后充入 R600a 作为工质，充注量为 35%。热泵装置采用 5/8 匹的压缩机和 200 L 的主水箱。实验系统如图 2.11 所示。

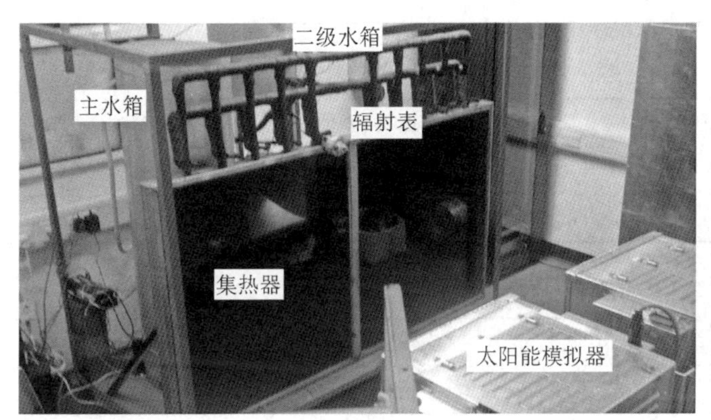

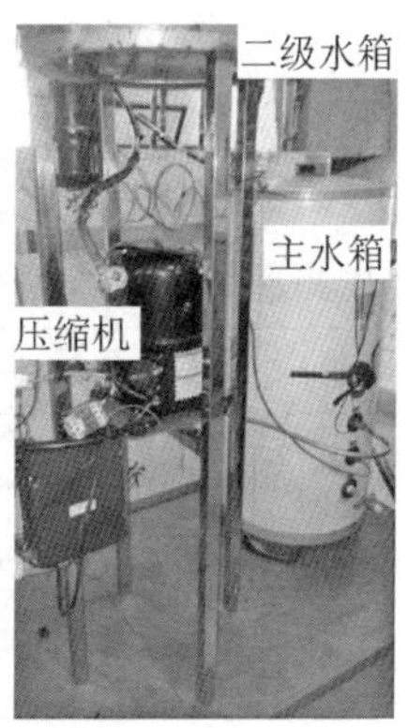

图 2.11　太阳能环路热管-热泵热水系统实验测试平台

2.3.2　相关测试装置

壁挂式太阳能环路热管-热泵热水系统的测试是在太阳能模拟器照射的环境下进行的，模拟太阳能辐射强度为 626 W/m^2，环境温度为 25 ℃，热泵开启温度设定为(35.0±0.5)℃，热泵关停温度设定为(25.0±0.5)℃。测试装置包括太阳辐射仪、温度传感器、质量流量计、电量隔离传感器和数据采集仪。其中，太阳辐射仪采用锦州阳光科技有限公司生产的 TBQ-2 辐射表，该表用来测量入射到系统室外集热器表面上的太阳辐射，与集热器玻璃盖板表面平行安装。辐射表的技术参数见表 2.2。温度传感器采用 K 型热电偶，用来测量系统的温度分布。质量流量计采用美国 Emerson 公司的 R025S116N 质量流量计，用来测量热泵系统冷凝器出口工质的质量流量和温度。流量计的技术参数见表 2.3。电量隔离传感器采用四川维博公司生产的 WBP112S91 交流电流隔离传感器，用来测量压缩机的输入功率。电量隔离传感器的主要技术参数见表 2.4。数据采集仪采用的是 DT500 数据采集仪，用来将测试期间测得的数据传输并保存到电脑上。

表 2.2 辐射表的技术参数

灵敏度	7～14 μV/(W·m²)	响应时间	≤30 s(99%)
内阻	约 350 Ω	稳定性	±2%
余弦响应	≤±7%	温度特性	±2%(−20～+40 ℃)
非线性	±2%	测试范围	0～2000 W/m²
信号输出	0～20 mV	测试精度	<2%

表 2.3 流量计的技术参数

流量测量范围	10.0～200.0 kg/h	压力范围	3.0～30.0 kg/cm²
温度测量范围	0.0～80.0 ℃	流量测量误差	±0.5%
测量压力降	0.018 kg/cm²		

表 2.4 电量隔离传感器的技术参数

输入范围	电压≤500 V,电流≤50 A	输出规格	0～5 V
输出特性	平均电压	精度等级	<0.5%
负载能力	5 mA	响应时间	<300 ms
供电电源	+12 V DC/+24 V DC	温度漂移	150×10⁻⁶/℃

2.4 壁挂式太阳能环路热管-热泵热水系统的动态模型和实验研究

2.4.1 系统的动态数学模型

壁挂式太阳能环路热管-热泵热水系统的能量转换和传递过程如2.2.1节所述。应用热力学和传热学分析方法,可以建立壁挂式太阳能环路热管-热泵热水系统的动态热性能模型,对其运行性能进行分析。为了简化计算,在建立模型之前,做了如下相应假设:

(1)忽略沿着吸热板长度方向的热传导。

(2)忽略环路热管的汽液传输管道到环境空气的散热。

(3)将热泵系统内热泵工质沿着管道的流动简化为一维流动,且热泵工质的压降仅存在于沿流动方向的管道中,忽略弯头和重力的影响。

(4)忽略主水箱和二级水箱与环境的散热。

玻璃盖板的能量平衡方程：

$$\rho_c c_c \delta_c \frac{\partial T_c}{\partial \tau} = h_{ab\text{-}c}(T_{ab} - T_c) + h_{a\text{-}c}(T_a - T_c) + I\alpha_c \quad (2.44)$$

同时考虑了辐射换热和对流换热效果，吸热板与玻璃盖板之间的换热系数 $h_{ab\text{-}c}$ 可以通过下式计算：

$$h_{ab\text{-}c} = \frac{\sigma(T_{ab} + T_c)(T_{ab}^2 + T_c^2)}{1/\varepsilon_{ab} + 1/\varepsilon_c - 1} + \frac{Nu \cdot k_a}{\delta_a} \quad (2.45)$$

努塞尔数与瑞利数的关系如下：

$$Nu = 1 + 1.446\left(1 - \frac{1708}{Ra_a \cos\theta}\right)^+ \left[1 - \frac{1708\sin(1.8\theta)^{1.6}}{Ra_a \cos\theta}\right] + \left[\left(\frac{Ra_a \cos\theta}{5830}\right)^{0.333} - 1\right]^+ \quad (2.46)$$

$$Ra_a = \frac{g(T_{ab} - T_c)\delta_a^3}{\nu_a^2 T_{a,m}} Pr_a \quad (2.47)$$

$$T_{a,m} = (T_{ab} + T_c)/2 \quad (2.48)$$

玻璃盖板与周围环境的对流换热系数和辐射换热系数的表达式如下：

$$h_{a\text{-}c} = 2.8 + 3.0u_a + \varepsilon_c\sigma(T_c + T_a)(T_c^2 + T_a^2) \quad (2.49)$$

由于吸热板与热管蒸发管之间接触良好，具有良好的导热性能，为了简化计算，忽略其接触热阻，对吸热板沿宽度 x 方向进行控制容积划分网格。由于吸热板包括与热管焊接的部分和与热管不接触的部分，因此吸热板的能量平衡方程分成与热管换热的方程和不与热管换热的方程，近似认为如图 2.12 所示的吸热板的控制容积内的铝板沿着长度方向具有相同的温度。与热管接触部分的吸热板的传热方程为

$$\rho_{ab} c_{ab} \delta_{ab} \frac{\partial T_{ab}}{\partial \tau} = K_{ab}\delta_{ab} \frac{\partial^2 T_{ab}}{\partial x^2} + \frac{T_a - T_{ab}}{R_{ab\text{-}a}} + h_{ab\text{-}c}(T_c - T_{ab}) + \frac{T_{hp,e} - T_{ab}}{R_{hp\text{-}ab} A_{bi}} + I(\tau_c\alpha)_{ab} \quad (2.50)$$

与热管不接触的吸热板传的热方程为

$$\rho_{ab} c_{ab} \delta_{ab} \frac{\partial T_{ab}}{\partial \tau} = K_{ab}\delta_{ab} \frac{\partial^2 T_{ab}}{\partial x^2} + \frac{T_a - T_{ab}}{R_{ab\text{-}a}} + h_{ab\text{-}c}(T_c - T_{ab}) + I(\tau_c\alpha)_{ab} \quad (2.51)$$

$R_{ab\text{-}a}$ 表示集热器背板与环境的热阻，表达式如下：

$$R_{ab\text{-}a} = \frac{\delta_s}{K_s} + \frac{1}{h_a} \quad (2.52)$$

$R_{hp\text{-}ab}$表示吸热板与环路热管蒸发管的热阻，表达式如下：

$$R_{hp\text{-}ab}=\frac{\delta_{hp\text{-}ab}}{k_{hp}A_{hp\text{-}ab}} \tag{2.53}$$

式中，$A_{hp\text{-}ab}$和 $\delta_{hp\text{-}ab}$分别表示吸热板与热管蒸发管的接触面积和厚度。

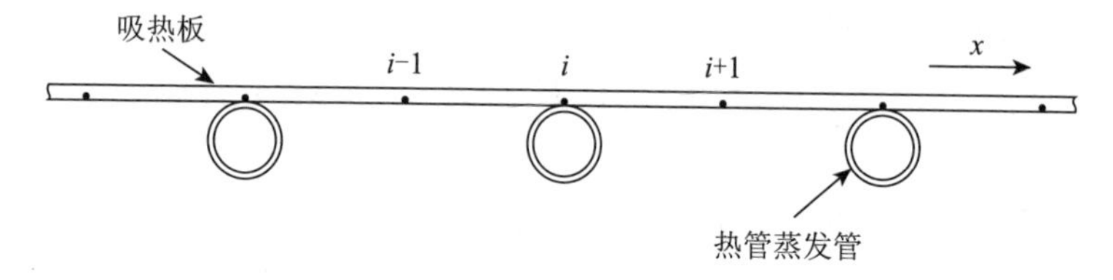

图 2.12　集热板的差分网格划分

环路热管蒸发管吸收了吸热板传递的热量后将这部分热量传递到环路热管冷凝端，根据能量守恒定律，环路热管蒸发管的传热模型为

$$M_{hp,e}c_{hp}\frac{\partial T_{hp,e}}{\partial \tau}=\frac{T_{ab}-T_{hp,e}}{R_{hp\text{-}ab}}+\frac{T_{hx}-T_{hp,e}}{R_{hp,e\text{-}hx}} \tag{2.54}$$

环路热管冷凝端的传热模型为：

$$M_{hx}c_{hx}\frac{\partial T_{hx}}{\partial \tau}=h_{w\text{-}hx}A_{hx,s}(T_{s,tk}-T_{hx})+\frac{T_{hp,e}-T_{hx}}{R_{hp,e\text{-}hx}}+ N_{hx}\sum_{j=1}^{n}h_{r,i}A_{r,i}(T_{r,i}-T_{hx}) \tag{2.55}$$

从蒸发管到环路热管冷凝端的传热量通过使用热阻 $R_{hp,e\text{-}hx}$来计算。本节中，该热阻考虑了包括蒸发管管壁的导热热阻、网芯热阻和冷凝端冷凝液膜热阻。根据 2.2.1 节中的计算，发现沿着热管传输管道的气态工质的输运热阻相比其他热阻的值非常小，因此动态模型中忽略该热阻。

$$R_{hp,e\text{-}hx}=R_{hp,w}+R_{wi}+R_{lf} \tag{2.56}$$

蒸发管管壁的导热热阻为

$$R_{hp,w}=\frac{\ln(D_{hp,o}/D_{hp,in})}{2\pi L_{hp}K_{hp}} \tag{2.57}$$

蒸发管网芯热阻为

$$R_{wi}=\frac{\ln(D_{hp,in}/D_{v,e})}{2\pi L_{wi}K_{wi}} \tag{2.58}$$

其中，

$$K_{wi}=\frac{K_l[(K_l+K_s)-(1-\varepsilon_{wi})(K_l-K_s)]}{[(K_l+K_s)+(1-\varepsilon_{wi})(K_l-K_s)]} \tag{2.59}$$

$$\varepsilon_{wi}=1-\frac{1.05\pi n_{wi}D_{wi}}{4} \tag{2.60}$$

冷凝端冷凝液膜热阻为

$$R_{lf}=\frac{\ln[D_{hx,in}/(D_{hx,in}-2\delta_{lf})]}{2\pi L_{lf}K_{lf}(N_{hx}/2-1)} \tag{2.61}$$

二级水箱中，水箱里的水与板式换热器存在对流换热，水箱内水的能量平衡方程为

$$M_{s,tk}c_w\frac{\partial T_{s,tk}}{\partial \tau}=h_{w\text{-}hx}A_{hx,s}(T_{hx}-T_{s,tk}) \tag{2.62}$$

$$h_{w\text{-}hx}=\frac{K_w Nu_{w\text{-}hx}}{H_{hx}} \tag{2.63}$$

$$Nu_{w\text{-}hx}=0.68+\frac{0.67Ra^{1/4}}{[1+(0.492/Pr)^{9/16}]^{4/9}} \tag{2.64}$$

$$Ra_{w\text{-}hx}=\frac{g\beta(T_{hx}-T_{s,tk})H_{hx}^3}{\nu\alpha} \tag{2.65}$$

在热泵子系统循环中，过冷的制冷剂从冷凝管流出后经过毛细管节流降压后变成两相状态进入热泵蒸发器(板式换热器)，制冷工质在蒸发器中吸收热量经历蒸发相变过程，在蒸发器出口变成过热气体；之后制冷工质在压缩机中被加热加压，以高温高压气体状态进入冷凝器(主水箱冷凝盘管)，在冷凝器中与主水箱的水换热后输出热能，完成一次热泵循环。热泵子系统的数学模型包括 4 个部分：板式换热器蒸发器模型、冷凝盘管冷凝器模型、压缩机模型和毛细管节流装置模型。

热泵子系统内部管道中制冷工质的动量方程为

$$\rho\frac{\partial u}{\partial \tau}+\rho u\frac{\partial u}{\partial x}=-\frac{\partial p}{\partial x}-\left(\frac{\partial p}{\partial x}\right)_f \tag{2.66}$$

式中，$\left(\frac{\partial p}{\partial x}\right)_f$ 表示工质沿着管道的压降；ρ 表示工质的平均密度。ρ 可由下式计算：

$$\rho=\frac{\rho_v\rho_l}{x\rho_v+(1-x)\rho_l} \tag{2.67}$$

式中，x 表示工质的干度，即气相工质质量与工质总质量的比值，在过冷区为 0，在过热区为 1，两相区在 0 到 1 之间。

管道中制冷工质的能量方程为

$$\frac{\partial H}{\partial \tau}+u\frac{\partial H}{\partial x}=\frac{\pi D_{\mathrm{hx,in}}}{\rho A_{\mathrm{r}}}h_{\mathrm{r}}(T_{\mathrm{hx}}-T_{\mathrm{r}}) \tag{2.68}$$

H 表示制冷工质的平均比焓，该数值通过气相比焓和液相比焓，以工质干度为加权平均计算得到，如下式：

$$H=xH_{\mathrm{v}}+(1-x)H_{\mathrm{l}} \tag{2.69}$$

制冷工质与管道的对流换热系数的计算方法在 2.2.1 节中已有详细说明，本节使用了相同的方法计算制冷工质单相流动和两相流动的对流换热系数。工质沿着管道的压降通过下式计算：

$$\left(\frac{\partial p}{\partial x}\right)_{\mathrm{f}}=\left\{\left(\frac{\mathrm{d}p}{\mathrm{d}x}\right)_{\mathrm{Lo}}+2\left[\left(\frac{\mathrm{d}p}{\mathrm{d}x}\right)_{\mathrm{Go}}-\left(\frac{\mathrm{d}p}{\mathrm{d}x}\right)_{\mathrm{Lo}}\right]x\right\}(1-x)^{1/3}+\left(\frac{\mathrm{d}p}{\mathrm{d}x}\right)_{\mathrm{Go}}x^{3} \tag{2.70}$$

$\left(\frac{\mathrm{d}p}{\mathrm{d}x}\right)_{\mathrm{Lo}}$、$\left(\frac{\mathrm{d}p}{\mathrm{d}x}\right)_{\mathrm{Go}}$ 分别表示气、液两相工质的摩擦压降，通过下面两个公式计算得到：

$$\left(\frac{\mathrm{d}p}{\mathrm{d}x}\right)_{\mathrm{Lo}}=f_{\mathrm{L}}\frac{2m_{\mathrm{total}}^{2}}{D_{\mathrm{in}}\rho_{\mathrm{l}}} \tag{2.71}$$

$$\left(\frac{\mathrm{d}p}{\mathrm{d}x}\right)_{\mathrm{Go}}=f_{\mathrm{G}}\frac{2m_{\mathrm{total}}^{2}}{D_{\mathrm{in}}\rho_{\mathrm{g}}} \tag{2.72}$$

上面两个方程中，m_{total}为工质的总质量流量，kg/(m^2 · s)；f_{L}、f_{G}分别为气、液两相工质的摩擦因子，计算方法为

$$f=\frac{0.079}{Re^{0.25}} \tag{2.73}$$

$$Re=\frac{m_{\mathrm{total}}D_{\mathrm{hx,in}}}{\mu} \tag{2.74}$$

由于在压缩机的压缩过程中，工质状态变化的时间常数远远小于蒸发器和冷凝器工质状态变化的时间常数，因此采用稳态方法建立压缩机子模型。流过压缩机的工质质量流量为

$$m_{\mathrm{com}}=n\eta_{\mathrm{v}}V_{\mathrm{com}}\rho_{\mathrm{r,com}} \tag{2.75}$$

式中，η_{v} 为压缩机的容积系数；n 为压缩机转速；V_{com}为压缩机的气缸容积；$\rho_{\mathrm{r,com}}$ 为压缩机入口的工质密度，kg/m^3。

压缩机的理论输入功率(N_{th})和实际输入功率(N)分别为

$$N_{\mathrm{th}}=\eta_{\mathrm{v}}nV_{\mathrm{d}}P_{\mathrm{s}}\frac{k}{k-1}\left[\left(\frac{P_{\mathrm{d}}}{P_{\mathrm{s}}}\right)^{k/(k-1)}-1\right] \tag{2.76}$$

$$N = \frac{N_{th}}{\eta_i \eta_m \eta_{mo}} \tag{2.77}$$

式中，η_i、η_m 和 η_{mo} 分别表示压缩机的指示效率、机械效率和电机效率，分别取 0.85、0.88 和 0.90。

实验中采用毛细管进行节流，通过毛细管的制冷工质的质量流量采用经验拟合公式：

$$m_r = C_1 D_e^{C_2} L_e^{C_3} T_{con}^{C_4} 10^{C_5 \times T_{sb}} \tag{2.78}$$

式中，D_e和 L_e分别表示毛细管的内径和长度；T_{con}表示系统冷凝温度；T_{sb}表示毛细管进口过冷度；C_1 到 C_5 为常系数，对于 R134a 工质，$C_1 = 0.123237$，$C_2 = 2.498028$，$C_3 = -0.412590$，$C_4 = 0.840660$，$C_5 = 0.018751$。

热泵子系统冷凝器中的冷凝盘管管壁的能量平衡方程为

$$M_p c_p \frac{\partial T_{cp}}{\partial t} = K_p l_p A_p \frac{\partial^2 T_{cp}}{\partial x^2} + h_w A_w (T_w - T_{cp}) + h_r A_r (T_r - T_{cp}) \tag{2.79}$$

主水箱中冷凝水的能量平衡方程为

$$M_w c_w \frac{\partial T_w}{\partial t} = h_w A_w (T_{cp} - T_w) \tag{2.80}$$

主水箱中冷凝水的瞬时得热功率可由下式计算：

$$Q_w = M_w c_w (T_{w1} - T_{w0}) \tag{2.81}$$

对于壁挂式太阳能环路热管-热泵热水系统，因为系统的耗电量仅为压缩机的耗电，所以对其性能采用系统的性能系数(COP)进行评价。系统的 COP 定义如下：

$$\mathrm{COP} = \frac{Q_w}{N} \tag{2.82}$$

系统的热效率定义为集热器的有效得热量与投射到集热板的辐射强度的比值，如下式：

$$\eta_{th} = \frac{Q_{th}}{A_m I} \tag{2.83}$$

式中，A_m为集热器有效集热面积，m^2；I 为太阳辐射强度，W/m^2。

为了观察和分析数值模型计算值与实验测量值的吻合程度，定义理论与实验的均方根相对误差(root mean square error, RMSE)为

$$\mathrm{RMSE} = \sqrt{\frac{\sum [100 \times (X_e - X_s)/X_e]^2}{n}} \tag{2.84}$$

式中，n 表示测量值的个数；X_e 和 X_s 分别表示实验测量值和理论计算值。

2.4.2 计算流程

采用数值迭代计算方法对以上的动态模型进行求解，计算求解过程通过 Matlab 编写的计算程序来实现，应用计算程序对系统的动态运行性能进行模拟预测。具体计算流程的程序框图如图 2.13 所示。

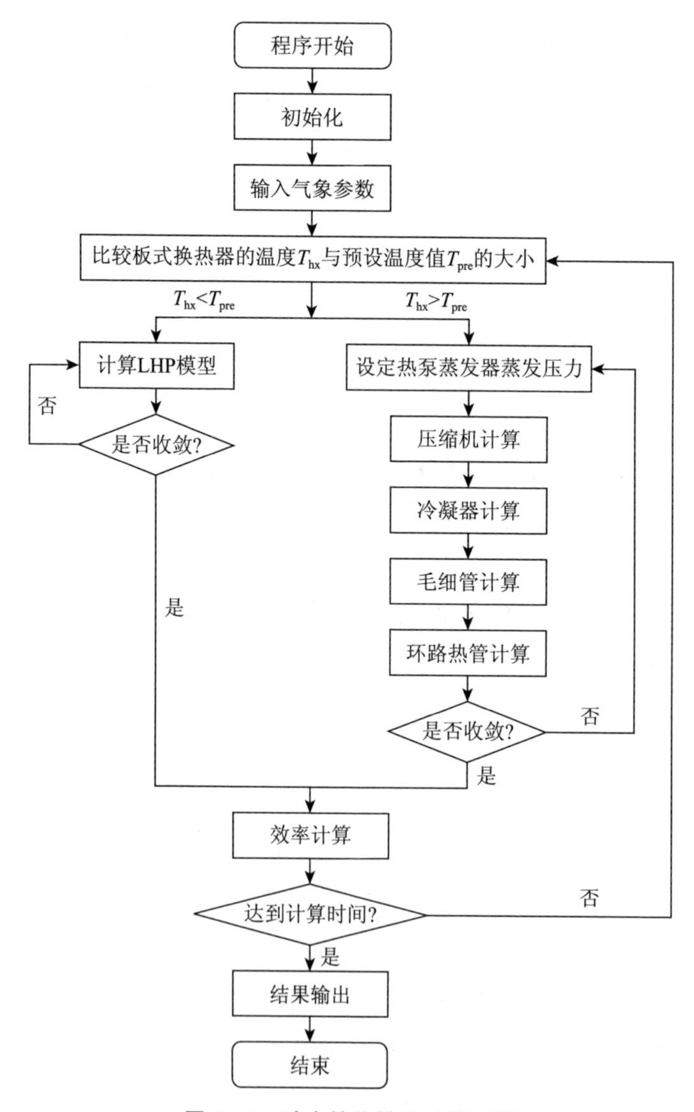

图 2.13 动态性能模拟计算流程

迭代求解的具体计算步骤如下：

(1)计算程序开始，对系统各参数进行初始化设定，包括系统结构参数、玻璃盖板温度、吸热板温度、环路热管蒸发管温度、板式换热器换热片温度、热泵子系统中工质物性参数分布、主水箱和二级水箱的初始水温，设定初始时刻 $t=0$，设定程序的时间步长 $\mathrm{d}t$。

(2)输入实测的辐射强度和环境温度等气象参数作为程序输入条件。

(3)比较板式换热器温度 T_{hx} 与预设温度值 T_{pre} 的大小。如果 T_{hx} 大于 T_{pre}，计算程序跳至步骤(5)；如果 T_{hx} 小于 T_{pre}，计算程序跳至步骤(4)。

(4)当板式换热器温度 T_{hx} 低于 T_{pre} 时，对系统能量平衡关系的分析中仅计算了 LHP 模型，不包括热泵子系统模型。此时，求解 LHP 子系统的能量平衡方程，假设此时板式换热器与热泵子系统的热泵工质换热量为零，计算得到玻璃盖板温度、吸热板温度、板式换热器温度和二级水箱水温，计算程序跳至步骤(6)。

(5)当板式换热器温度 T_{hx} 高于 T_{pre} 时，启动热泵子系统工作，LHP 模型与热泵子模型一起耦合求解。先假定蒸发器的出口参数，包括出口压力、温度、比焓、密度、干度等，假定压缩机出口压力和蒸发器进口压力；根据压缩机进出口参数对压缩机模型进行计算，计算得到压缩机出口的工质参数；根据压缩机出口参数对冷凝器模型进行计算，得到冷凝器出口的工质参数和冷凝水温、冷凝水吸收的热量；根据冷凝器出口参数对毛细管模型进行计算，调整压缩机出口压力；对环路热管子模型进行计算，计算出热管蒸发管温度和蒸发器出口的工质参数，与一开始假定的蒸发器出口参数进行对比，判断是否收敛，收敛则进入下一步；否则修正蒸发器的出口参数重新进行步骤(5)的计算。

(6)计算系统的集热性能和 COP。

(7)判断仿真时间是否达到设定时间，若未达到设定时间，则返回步骤(2)进入下一时刻的计算；若已经达到设定时间，则输出仿真计算结果并结束程序。

2.4.3 系统的动态计算结果与分析

对壁挂式太阳能环路热管-热泵热水系统在太阳能模拟器照射的环境下进行了实验研究，实验中设定热泵的启动预设温度为 35 ℃，热泵的停止预设温度为 25 ℃。实验过程中对各项实验数据进行实时采集,将实验测得的计算结果与动态计算模型的模拟结果进行对比分析,可以得到以下结论。

图 2.14 给出了环路热管蒸发管管壁温度的模拟值和实验值随时间的变化情况。随着热泵子系统的启动和停止,热管蒸发管的管壁温度在 30～41 ℃的范围内振荡。实验开始时,板式换热器的温度未达到热泵的启动预设温度,热泵未启动,热管蒸发管的管壁温度持续上升;当板式换热器温度达到热泵的启动预设温度时,启动热泵,热管蒸发管的管壁温度随即会在热泵蒸发器吸热的作用下呈下降趋势。可以看出系统中热泵技术的应用能够保证环路热管在相对低的温度下运行。从图 2.14 中可以看出,蒸发管管壁温度的数值模拟结果与实验结果基本吻合,平均误差为 4.83%,只在运行后期略有偏差,偏差来源于计算中对热泵启停时间预测的延迟或提前。

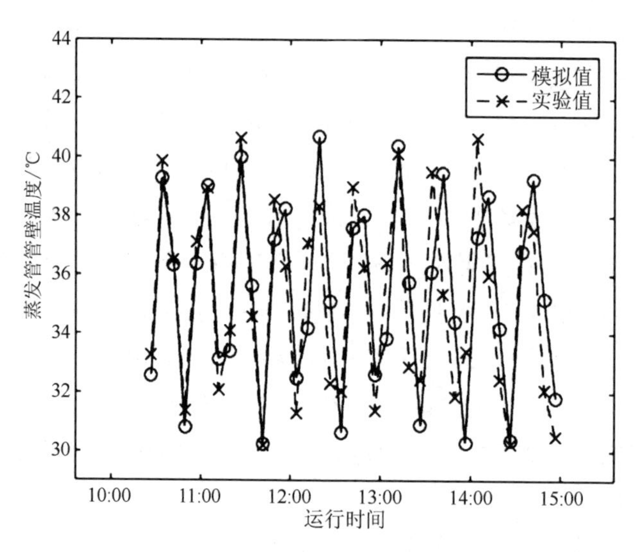

图 2.14　环路热管蒸发管管壁温度随时间的变化

图 2.15 给出了环路热管气体输送管道温度的模拟值和实验值随时间的变化情况。气体输送管道温度的变化趋势与蒸发管管壁温度随时间的变化趋势相似,当热泵未启动时,管道温度持续上升;当热泵启动时,管道温度随之下降。环路热管气体输送管道温度总体上比蒸发管管壁温度低 5～6 ℃,表明了环路热管具有很好的传热效果。从图 2.15 中可以看出,气体输送管道温度模拟值与实验值的平均误差为 6.25%。

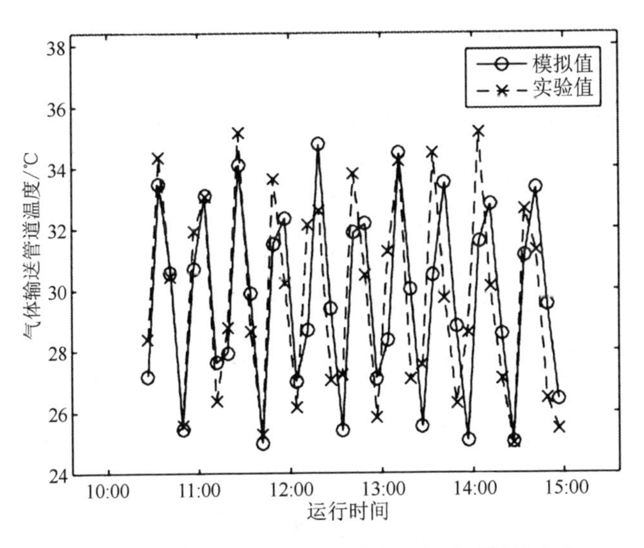

图 2.15　环路热管气体输送管道温度随时间的变化

图 2.16 给出了主水箱水温的模拟值和实验值随时间的变化情况。当热泵开启时，冷凝盘管向主水箱释放热量，水箱水温逐渐升高；当热泵停止运行时，水箱水温由于水箱与环境作用略有降低，但基本保持不变。主水箱水温总体上呈上升趋势，随着时间的推移，上升速率有所减缓，水箱最终温度为 57 ℃。主水箱水温的模拟值与实验值的平均误差为 0.54%，由于计算中忽略了水箱与环境散热的影响，模拟结果总体上略高于实验结果，

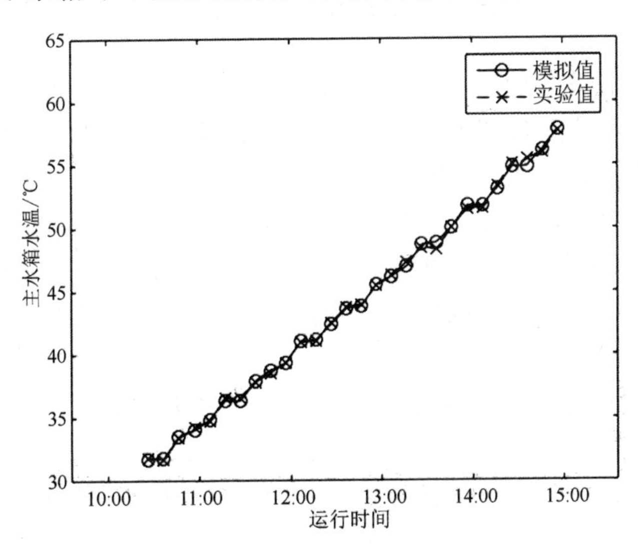

图 2.16　主水箱水温随时间的变化

随着水温的升高，后期阶段模拟值与实验值的偏差也有所增加。

图 2.17 给出了系统集热效率的模拟值与实验值随时间的变化情况。当热泵未启动时，系统集热效率呈下降趋势；当热泵启动时，系统的集热效率也逐渐升高。这是因为热泵启动时吸收了来自环路热管的热量，使得环路热管蒸发管和吸热板的温度下降，减少了集热板与环境的散热，提高了集热效率。集热效率的模拟值与实验值的平均误差为 2.23%，计算模拟结果略高于实验结果，平均集热效率的模拟值和实验值分别为 72.0%和 70.5%。

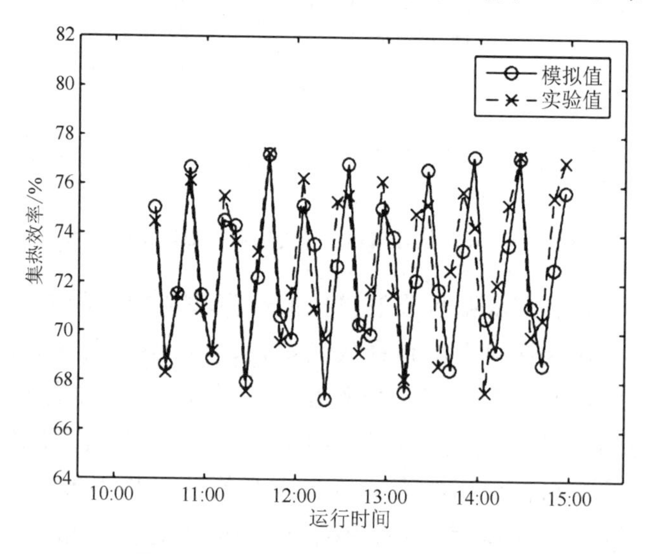

图 2.17　系统集热效率随时间的变化

图 2.18 和 2.19 给出了系统 COP 和冷凝功率的模拟值与实验值随时间的变化情况。系统平均 COP 的模拟值和实验值分别为 5.04 和 4.93，平均误差 11%。从图 2.18 中可以看出，系统的 COP 随时间呈下降趋势，这是因为冷凝水温度随时间逐渐升高，使得冷凝压力升高，从而降低了系统 COP。系统平均冷凝功率的模拟值和实验值分别为 2371 W 和2253 W，而实验测得的瞬时值与模拟值的误差主要来源于主水箱测得的水温波动的误差。

表 2.5 给出了测试时间段内系统的平均集热效率(η_{th})、平均 COP、集热器平均得热(Q_{th})和水箱平均得热(Q_w)的模拟和实验结果对比，可以看出模拟结果和实验结果误差在 1%～6%之间，因而所建立的动态模型可以较好地模拟系统的运行过程。

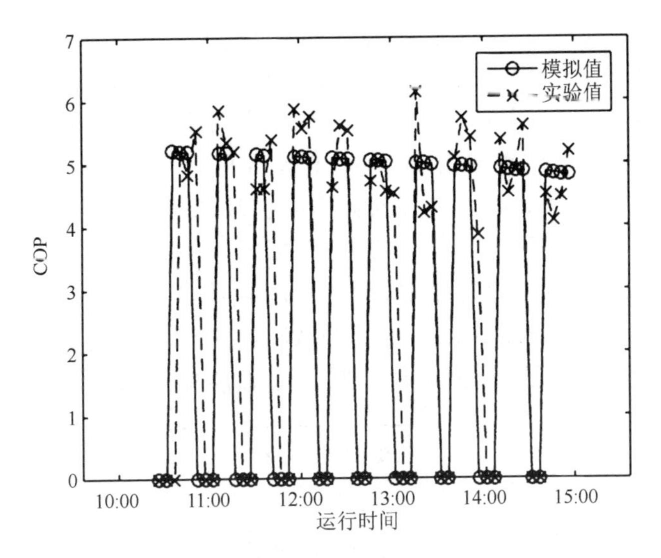

图 2.18　系统 COP 随时间的变化

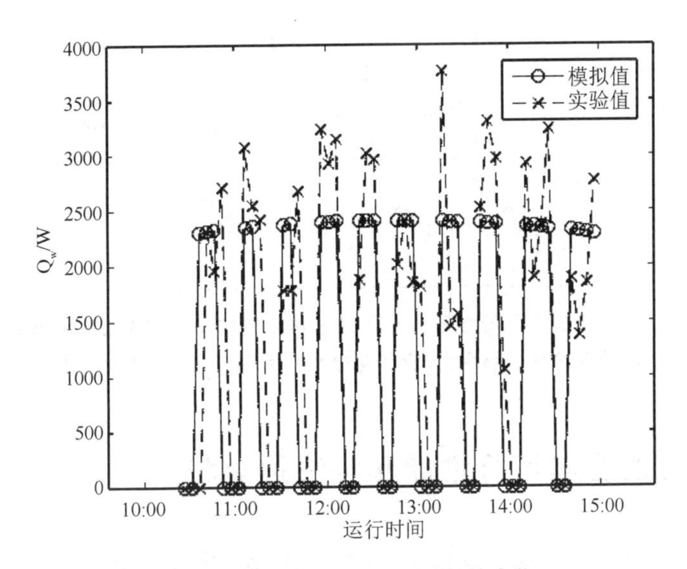

图 2.19　系统冷凝功率随时间的变化

表 2.5　系统性能的模拟值与实验值对比

结　果	Q_{th}	Q_w	η_{th}	COP
实验值	1066 W	2253 W	71.0%	4.93
模拟值	1081 W	2371 W	72.0%	5.04
均方根相对误差（RMSE）	1.41%	5.24%	1.41%	2.23%

图 2.20 给出了壁挂式太阳能环路热管-热泵热水系统的系统热性能与已发表文献中传统太阳能热水器、单独环路热管热水器、空气源热泵(air source heat pump, ASHP)和太阳能热泵的性能对比。可以看出,环路热管-热泵热水系统相比单独环路热管热水器具有更高的太阳能集热效率,效率分别为 71.0%和 49.0%。也就是说在环路热管热水器的基础上增加热泵子系统,可以使系统的集热效率增加 22.0%。环路热管-热泵热水系统的性能系数 COP 也超过了 ASHP 和间接膨胀式太阳能热泵(indirect-expansion solar assisted heat pump,ISAHP)的 COP。另外,太阳能集热器中热泵技术的应用可以大大减少所需的太阳能集热面积。

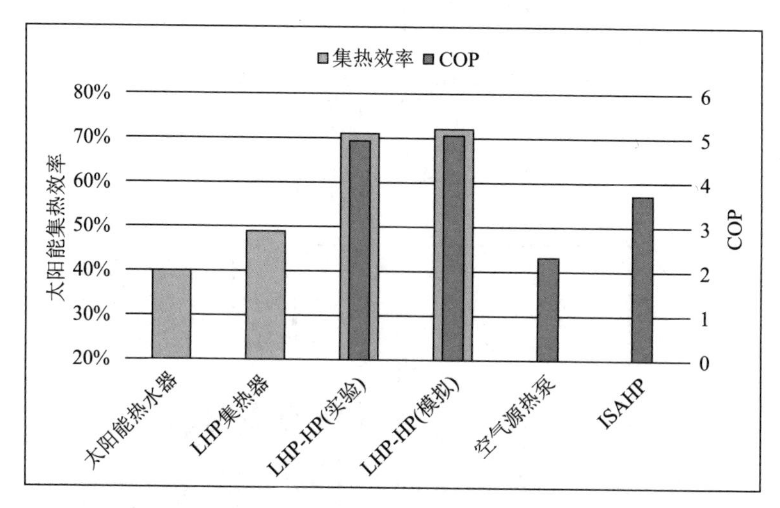

图 2.20 壁挂式太阳能环路热管-热泵热水系统与传统太阳能热水器、单独环路热管热水器、空气源热泵和太阳能热泵的性能对比

2.5 系统的全年运行性能和经济性分析

本节利用经过实验验证的动态数学模型,结合不同的气象条件,分别模拟计算了壁挂式太阳能环路热管-热泵热水系统在北京、合肥、广州、伦敦、斯德哥尔摩和马德里这些地区应用时的全年运行性能。同时,与常规电加热热水器方案进行技术经济比较,对太阳能环路热管-热泵热水系统方案分别在北京、合肥、广州、伦敦、斯德哥尔摩和马德里这些地区应用时的节能性、环保性以及经济性进行简单分析。

2.5.1　全年运行性能

本节采用由 EnergyPlus 提供的典型气象年数据，对系统应用于北京(40°N，116°E)、合肥(32°N，117°E)、广州(23°N，113°E)、伦敦(51°N，0°E)、斯德哥尔摩(59°N，18°E)和马德里(40°N，3°W)6 个不同气候地区时的全年运行性能进行计算和分析。计算时系统采用的结构参数与实验的系统结构参数相同，见 2.3.1 节，包括 2.4 m^2集热面积和 200 L 主水箱容量，系统运行的控制策略同样采用与实验相同的控制策略，热泵子系统的启停预设温度分别为 35 ℃和 25 ℃，假设太阳能热水系统的运行时间为上午 9 点到下午 5 点，并且每天的系统水温达到使用温度要求时，系统内的热水均被使用完，然后再进行冷水补充。系统的运行方式为先运行壁挂式太阳能环路热管-热泵热水系统，当主水箱的水温达到 50 ℃以上的使用温度时，则太阳能热水系统停止运行；若每天的太阳辐射不足以使主水箱的水温达到 50 ℃以上，则将热泵子系统切换为空气源热泵运行模式，继续加热主水箱的冷凝水，直至水温达到 50 ℃。

6 个不同地区应用的太阳能集热器所处竖直平面每个月份的典型天上午 9 点到下午 5 点的每小时平均太阳辐射、环境温度和平均风速取自当地的典型气象年数据，瞬时时刻的值通过插值法得到。初始水温由气象数据中地下 1.5 m 深的地下水水温确定，6 个地区 12 个月的初始水温如图 2.21 所示。

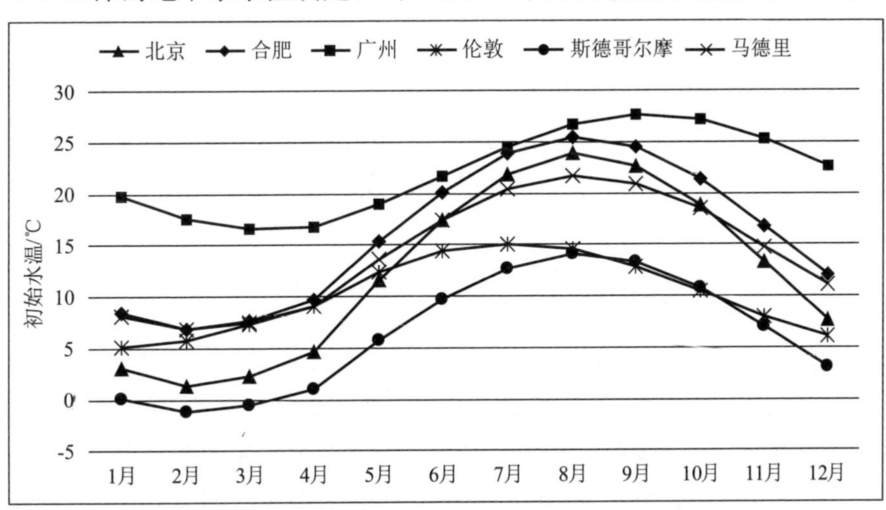

图 2.21　北京、合肥、广州、伦敦、斯德哥尔摩和马德里每月典型天的初始水温

基于以上的运行策略，图 2.22～图 2.27 给出了每月典型天单独采用壁挂式太阳能环路热管-热泵热水系统时主水箱达到的水温、环路热管-热泵系统耗电量和辅助加热耗电量。从图中可以看出，北京、合肥、广州、伦敦、斯德哥尔摩和马德里 6 个地区分别有 5 个月、5 个月、6 个月、1 个月、0 个月和 7 个月的水温在单独运行太阳能系统时能达到 50 ℃，全年其余月份系统需要切换至空气源热泵辅助加热系统。

对于北京地区，包括太阳能系统耗电和辅助加热耗电的总耗电量，系统 1 月份的总耗电量最高，达 95.4 kWh；5 月份到 9 月份这 5 个月在单独运行太阳能系统时水温能达到 50 ℃的使用温度要求，系统的总耗电量较其他月份低；10 月份虽然需要开启辅助加热，但是总耗电量低于 5 月份的总耗电量，主要原因在于 5 月份的水箱初始水温低于 10 月份的初始水温；需要开启辅助加热系统的月份中，单月需要补充最多辅助热能的为1 月份(82.4 kWh)；全年太阳能热水系统总耗电量为 385.2 kWh，辅助加热总耗电量为 329.8 kWh。

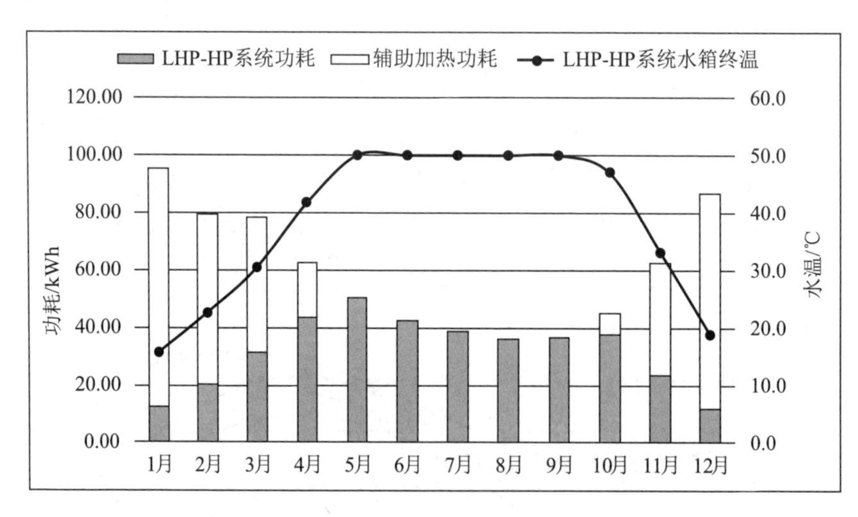

图 2.22　北京地区每月系统功耗、水箱终温和所需的辅助加热功耗

对于合肥地区，气候条件与北京地区接近，系统 1 月份的总耗电量最高，达 97.4 kWh；5 月份到 9 月份这 5 个月在单独运行太阳能系统时水温能达到 50 ℃的使用温度要求，系统 6 月份到 9 月份的总耗电量也较其他月份低；10 月份虽然需要开启辅助加热，但是总耗电量低于 5 月份的总耗电量，主要原因同样在于 5 月份的水箱初始水温低于 10 月份的初始水温；需要开启辅助

加热系统的月份中，单月需要补充辅助热能最多为1月份(95.2 kWh)；全年太阳能热水系统总耗电量为298.8 kWh，辅助加热总耗电量为413.1 kWh。

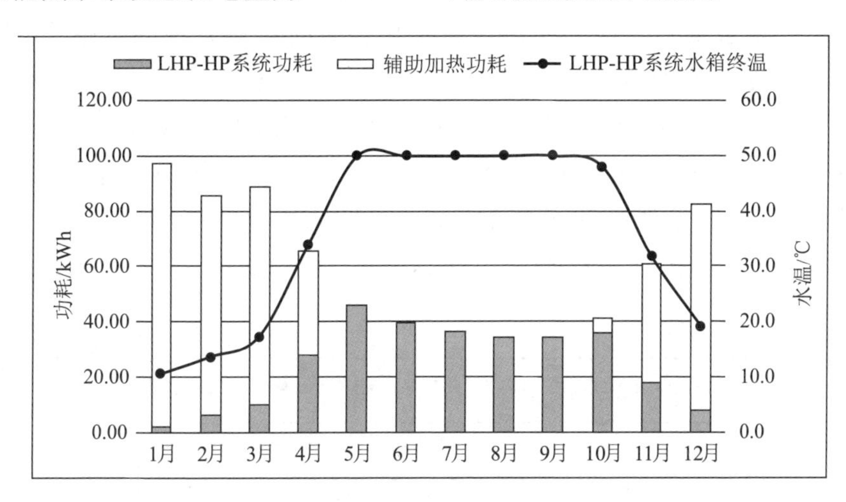

图2.23　合肥地区每月系统功耗、水箱终温和所需的辅助加热功耗

对于广州地区，系统3月份的总耗电量最高，为67.1 kWh；7月份到12月份这6个月在单独运行太阳能系统时水温能达到使用温度要求，系统的总耗电量低于其他月份的总耗电量；需要开启辅助加热系统的月份中，单月需要补充最多辅助热能为3月份(54.1 kWh)；全年太阳能热水系统总耗电量为344.5 kWh，辅助加热总耗电量为178.3 kWh。

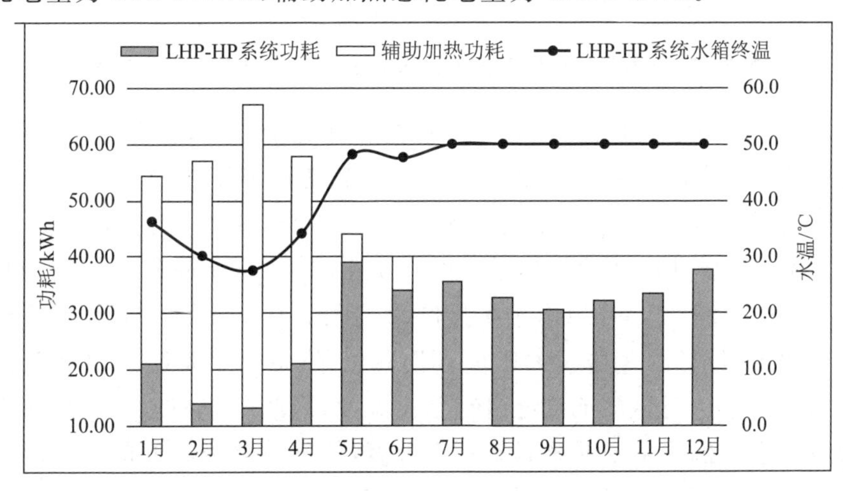

图2.24　广州地区每月系统功耗、水箱终温和所需的辅助加热功耗

对于伦敦地区，系统1月份的总耗电量最高，达108.0 kWh；仅7月份在单独运行太阳能系统时水温能达到使用温度要求，7月份系统的总耗电量最低，为46.4 kWh；需要开启辅助加热系统的月份中，单月需要补充最多辅助热能的为1月份(108.0 kWh)；由于1月份、2月份和12月份较低的初始水温和较少的太阳辐射，壁挂式太阳能环路热管-热泵热水系统二级水箱温度在此期间无法达到热泵子系统启动预设温度，集热器虽然吸收了照射的太阳辐射能，但这些能量并没有传递到主水箱中，也就是太阳能系统在这几个月期间由于启动预设温度过高并没有工作。

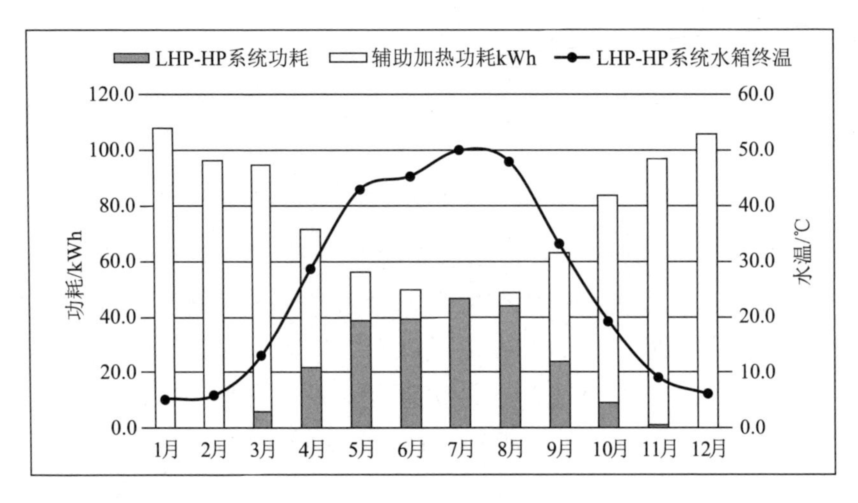

图2.25 伦敦地区每月系统功耗、水箱终温和所需的辅助加热功耗

对于斯德哥尔摩地区，系统1月份的总耗电量最高，达120.4 kWh；全年在单独运行太阳能系统时水温均无法达到使用温度要求50 ℃，原因是该地区初始水温和太阳辐射强度较低；系统7月份的总耗电量最低，为51.9 kWh；需要开启辅助加热系统的月份中，单月需要补充最多辅助热能的为1月份(120.4 kWh)；由于1月份、2月份、11月份和12月份较低的初始水温和太阳辐射，壁挂式太阳能环路热管-热泵热水系统二级水箱温度在此期间无法达到热泵子系统启动预设温度，因此冬季在该地区应用该系统时应考虑调低热泵子系统启动预设温度，使集热器吸收的能量能传递到主水箱中，充分利用集热器吸收的太阳辐射能。

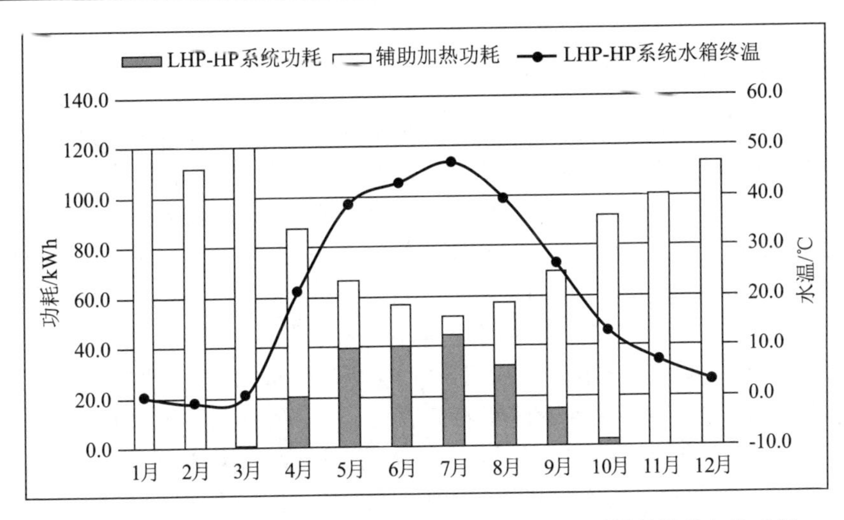

图 2.26 斯德哥尔摩地区每月系统功耗、水箱终温和所需的辅助加热功耗

对于马德里地区，系统 12 月份的总耗电量最高，为 82.7 kWh；4 月份到 10 月份这 7 个月在单独运行太阳能系统时水温能达到 50 ℃的使用温度要求，系统的总耗电量均低于其他月份的总耗电量；9 月份的总耗电量最低，为 38.5 kWh；需要开启辅助加热系统的月份中，单月需要补充最多辅助热能的为 12 月份（73.4 kWh）。

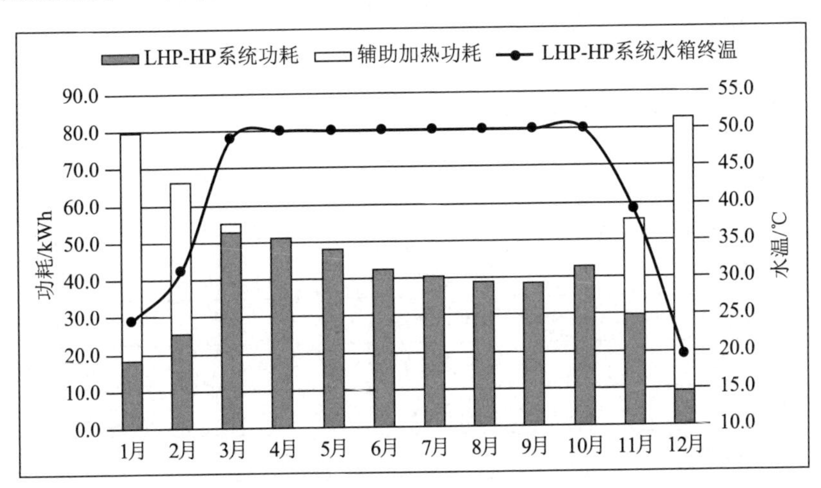

图 2.27 马德里地区每月系统功耗、水箱终温和所需的辅助加热功耗

2.5.2 全生命周期经济性分析

为研究壁挂式太阳能环路热管-热泵热水系统实际应用的可行性，本节对该系统分别在北京、合肥、广州、伦敦、斯德哥尔摩和马德里这些地区应用时的节能性、环保性以及经济性进行简单分析，与传统电热水器相对比，考虑系统的初始投资费用、运行和维护费用的不同，计算了太阳能热水方案的回收年限和全生命周期累计节省费用，并分析了在这些地区应用壁挂式太阳能环路热管-热泵热水系统对减少碳排放的潜力。计算中假设用户平均每天的热水需求量为 200 L，电热水器的能源利用效率为 100.0%。假设系统每年的维护费用为初始投资的 25%。另外，设定我国居民电价为 0.5953 元/kWh，欧洲居民电价为 0.1351 英镑/kWh，按 2016 年 3 月 30 日的汇率计算，计算中采用欧洲电价为 1.2622 元/kWh，电的碳排放量为 0.54522kg/kWh。假设太阳能环路热管-热泵热水系统的使用寿命为 15 年，并且该系统的初始投资费用为系统各部件的单价之和加上适当的销售利润与税率。表 2.6 给出了系统初始投资费用的明细，可见，壁挂式太阳能环路热管-热泵热水系统的初始投资费用为 15040.52 元人民币。对于传统电热水器，其使用寿命同样假设为 15 年，初始投资和安装费用为 2732 元人民币。

表 2.6 环路热管-热泵热水系统的初始投资计算表

系统部件	单位成本(包括人工、材料和设备)/元	数　量	合计成本/元
集热器	175.00	2	350.00
集热管	700.00	10	7000.00
传输管道	36.50	3 m	109.50
板式换热器	309.00	1	309.00
水箱	1400.00	1	1400.00
压缩机	1600.00	1	1600.00
热泵铜管	36.50	10 m	365.00
集热器背板	43.40	2.4 m^2	104.16
膨胀阀	200.00	1	200.00
总费用 /元			11437.66
利润(总费用的 30%)/元			3431.30
税费(利润的 5%)/元			171.56
投资成本/元			15040.52

太阳能环路热管-热泵热水系统的全年运行费用包括热泵子系统的压缩机电耗和辅助加热的电耗。根据以上的假定值进行计算，结合2.4.1节的计算结果可以知道，北京地区应用太阳能热水系统每年需要运行费用425.7元，包括229.3元的热泵子系统压缩机电耗和196.4元的辅助加热电耗，若使用电热水器来制取热水则每年运行成本为1917.5元，全生命周期的碳排放减少潜力为20.49 t。合肥地区应用太阳能热水系统每年需要运行费用423.8元，包括177.9元的热泵子系统压缩机电耗和245.9元的辅助加热电耗，若使用电热水器来制取热水则每年运行成本为1720.2元，全生命周期的碳排放减少潜力为17.81 t。广州地区应用太阳能热水系统每年需要运行费用311.2元，包括205.1元的热泵子系统压缩机电耗和106.1元的辅助加热电耗，若使用电热水器来制取热水则每年运行成本为1411.9元，全生命周期的碳排放减少潜力为15.12 t。按2016年3月30日的汇率计算，伦敦地区应用太阳能热水系统每年需要运行费用1163.0元，包括290.4元的热泵子系统压缩机电耗和872.6元的辅助加热电耗，若使用电热水器来制取热水则每年运行成本为4286.1元，全生命周期的碳排放减少潜力为20.24 t。斯德哥尔摩地区应用太阳能热水系统每年需要运行费用1322.1元，包括244.7元的热泵子系统压缩机电耗和1077.4元的辅助加热电耗，若使用电热水器来制取热水则每年运行成本为4691.2元，全生命周期的碳排放减少潜力为21.85 t。马德里地区应用太阳能热水系统每年需要运行费用809.8元，包括552.2元的热泵子系统压缩机电耗和257.6元的辅助加热电耗，若使用电热水器来制取热水则每年运行成本为3847.5元，全生命周期的碳排放减少潜力为19.68 t。

与电热水器相比，壁挂式太阳能环路热管-热泵热水系统的投资回收年限由下式计算得到：

$$PP_{sf} = \frac{C_{c,sf} - C_{c,el}}{(C_{o,el} - C_{o,sf}) + (C_{m,el} - C_{m,sf})} \tag{2.85}$$

式中，$C_{c,sf}$、$C_{o,sf}$和$C_{m,sf}$分别表示太阳能热水系统的初始投资费用、运行费用和维护费用；$C_{c,el}$、$C_{o,el}$和$C_{m,el}$分别表示电热水器的初始投资费用、运行费用和维护费用。

在15年的全生命周期内，太阳能环路热管-热泵热水系统累计节省费用由下式计算得到：

$$CS_{sf} = (15 - PP_{sf})[(C_{o,el} - C_{o,sf}) + (C_{m,el} - C_{m,sf})] \tag{2.86}$$

计算结果见表2.7。北京、合肥和广州地区的投资回收期分别为7.96年、9.11年和10.66年，而伦敦、斯德哥尔摩和马德里的投资回收期分别仅需要3.87年、3.60年和3.73年。在这6个地区应用电热水器的年运行费用约为使用壁挂式太阳能环路热管-热泵热水系统年运行费用的4倍左右，在欧洲等地应用太阳能热水系统的投资回收期较在国内应用的投资回收期短的主要原因是欧洲地区的电价比国内高很多。

表2.7　系统在不同城市的运行费用和回收期

城　市	太阳能系统年运行费用/元	电热水器年运行费用/元	投资回收期/年	全生命周期累计节省费用/元
北京	425.7	1917.5	7.96	8382
合肥	423.8	1720.2	9.11	5861
广州	311.2	1411.9	10.66	3473
伦敦	1163.0	4286.1	3.87	31398
斯德哥尔摩	1322.1	4691.2	3.60	34989
马德里	809.8	3847.5	3.73	30835

2.6　本章小结

本章针对一种与建筑一体化、防冻、高效的壁挂式太阳能环路热管-热泵热水系统，对它的光热性能进行了理论和实验研究，主要内容包括以下几方面：

(1)建立了壁挂式太阳能环路热管-热泵热水系统的稳态传热理论模型，利用理论模型研究热管工质、玻璃盖板数量、板式换热器换热面积、太阳辐射以及环境温度对系统性能的影响，为系统的搭建提供设计依据。结果显示，对于环路热管工质的选择，采用蒸馏水为工质时的系统效率高于分别采用R22、R134a和R600a这3种制冷剂为工质时的效率，3种制冷剂中使用 R600a 的效果最好；对于集热器玻璃盖板数量的选择，盖板数量越多，集热效果越好，系统效率越高，且从无玻璃盖板到单层玻璃盖板的系统性能提升效果远优于单层玻璃盖板到双层玻璃盖板的系统性能提升效果；对于板式换热器的换热面积的影响，换热面积越大，换热效果越好，系统效率越高；对于环境参数对系统性能的影响，太阳辐射强度和环境温度越高，系统效率越高。

（2）设计搭建了壁挂式太阳能环路热管-热泵热水系统测试平台，并建立了系统的动态数学模型，对系统的动态运行性能进行实验测试和模拟计算。对比结果显示，理论计算结果与实验测量结果基本吻合。结果表明，系统在实验测试条件下平均集热效率和 COP 分别为 71.0% 和 4.93。系统运行过程中，随着热泵子系统的启停，系统的集热效率在 67%～77% 之间振荡，COP 在 4～5 之间振荡。当热泵子系统未开启时，环路热管的运行温度逐渐升高，集热效率降低；当热泵子系统开启时，环路热管的运行温度降低，并且系统的能量损失有所减小，集热效率随之升高。与传统太阳能热水器、单独环路热管热水器、空气源热泵和太阳能热泵相比，无论是从太阳能集热效率的角度，还是从系统 COP 的角度来考虑，壁挂式太阳能环路热管-热泵热水系统的性能均高于其他系统，说明将环路热管系统与热泵系统有机结合的方式，能够有效提高系统对太阳能的综合利用效率。

（3）对壁挂式太阳能环路热管-热泵热水系统分别在北京、合肥、广州、伦敦、斯德哥尔摩和马德里 6 个不同地区使用时的全年性能进行模拟计算和研究分析，并与常规电加热热水器方案进行技术经济比较，分析了该系统的节能性、环保性以及经济性。结果显示，当太阳能环路热管-热泵热水系统储水量为 200 L、集热面积为 2.4 m^2、用水温度为 50 ℃时：北京地区，全年有 5 个月的水温在单独运行太阳能系统时能达到 50 ℃的使用温度，全年太阳能热水系统总耗电量为 385.2 kWh，辅助加热总耗电量为 329.8 kWh，投资回收期为 7.96 年，全生命周期的碳排放减少潜力为 20.49 t；合肥地区，全年有 5 个月的水温在单独运行太阳能系统时能达到 50 ℃的使用温度，全年太阳能热水系统总耗电量为 298.8 kWh，辅助加热总耗电量为 413.1 kWh，投资回收期为 9.11 年，全生命周期的碳排放减少潜力为 17.81 t;广州地区,全年有 6 个月的水温在单独运行太阳能系统时能达到 50 ℃的使用温度,全年太阳能热水系统总耗电量为 344.5 kWh,辅助加热总耗电量为 178.3 kWh,投资回收期为 10.66 年,全生命周期的碳排放减少潜力为 15.12 t;伦敦地区,全年有 1 个月的水温在单独运行太阳能系统时能达到 50 ℃的使用温度,投资回收期为 3.87 年,全生命周期的碳排放减少潜力为 20.24 t;斯德哥尔摩地区,全年水温在单独运行太阳能系统时均不能达到 50 ℃的使用温度,投资回收期为 3.60 年,全生命周期的碳排放减少潜力为 21.85 t,在气候条件与斯德哥尔摩类似的地区,热泵子系统的启停预设温度应调低;马德里地区,全年有 7 个月的水温在单独运行太阳能系统时能达到 50 ℃的使用温度,投资回收期为 3.73 年,全生命周期的碳排放减少潜力为 19.68 t。

第3章　百叶型太阳能采暖通风墙

3.1　百叶型太阳能采暖通风墙的工作原理

传统的太阳能采暖通风墙（Trombe 墙）是一项夏季增强通风、冬季蓄热采暖的被动式太阳能建筑利用技术。该系统具有结构简单、使用方便、前期投资低等优点。它是一种依靠墙体独特的构造设计，无机械动力，无传统能源消耗，仅依靠太阳能就能为建筑提供采暖和通风效果的集热墙。但传统太阳能采暖通风墙功能单一、冬季热舒适性较差、夏季过热等缺点制约了该技术在绿色建筑中的进一步推广应用。鉴于传统太阳能采暖通风墙的缺点，国内外许多科研团队对其提出了不同的改进方案：许多学者引入相变材料、流化颗粒、水等作为蓄热材料，研究其对太阳能采暖通风墙蓄热性能的影响

但以上研究均未解决 Trombe 墙的夏季过热问题，而我国夏热冬冷和夏热冬暖地区建筑密集，每年的建筑能耗水平持续升高，其中夏季能耗占较大比例，因此探索降低夏季冷负荷的太阳能利用技术将有效促进建筑节能潜力的进一步发掘。可供借鉴的方案有：美国国家可再生能源实验室设计的 Z 型-Trombe 墙，如图 3.1 所示，该设计既增加了冬季的集热面积，同时突出的屋檐结构所产生的遮阳效果能在一定程度上减少夏季直射得热；西班牙 Sofia Melero 等人提出的复合多孔陶瓷蒸发冷却-Trombe 墙，如图 3.2所示，实现冬季采暖和夏季制冷的功能。但是这两种方案均基于夏季太阳高度角较高的原理，采用外伸屋檐结构减少墙体接收的太阳直射，无法进行主动调节。百叶型太阳能采暖通风墙技术将两面分别涂有高吸收率和高反射率的选择性涂层的百叶窗帘悬挂于太阳能采暖通风墙空气夹层中间，通过控制百叶的角度达到控制百叶吸收、百叶反射和太阳能采暖通风墙内墙热量吸收比例的效果，增强太阳能采暖通风墙集

热效果的可控性，提高室内热舒适性，避免了传统太阳能采暖通风墙集热效果不可控导致的冬季上午温升过慢、中午温升过高和夏季过热等问题的发生。

图 3.1　太阳能采暖通风墙改进形式：Z 型-Trombe 墙

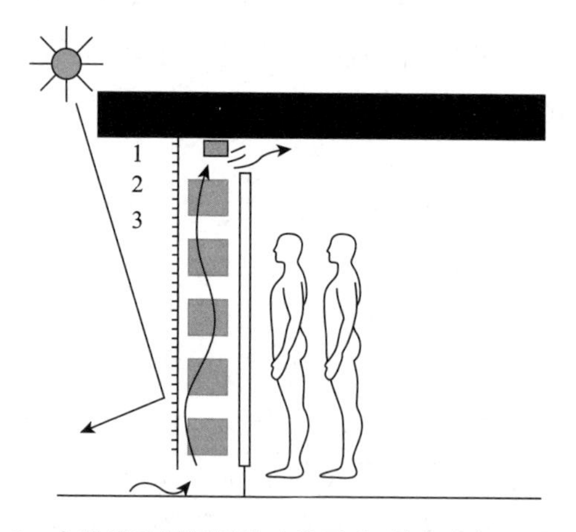

图 3.2　太阳能采暖通风墙改进形式：蒸发冷却-Trombe 墙

百叶型太阳能采暖通风墙的结构和工作模式示意如图 3.3 所示，包括集热墙最外面的玻璃盖板、空气夹层、空气夹层中的百叶帘、内砖墙、内墙顶部底部分别设置的通风口和外玻璃盖板顶部设置的通风口，由 3 个通风口的开启和关闭可以使太阳能采暖通风墙分为冬季白天模式、冬季夜间模式和夏季模式 3 种工作模式。

冬季白天工作模式：如图 3.3(a)所示，在冬季白天时，开启内砖墙的上下通风口，关闭外玻璃盖板的顶部通风口。将叶片涂有高吸收率涂层的一面翻转朝外，百叶帘吸收太阳辐射后加热空气夹层内的空气，使得空气夹层内的空气温度高于室内温度。由于热虹吸的作用，空气夹层内的热空气通过内墙上通风口进入室内，室内较冷空气通过内墙下通风口进入空气夹层。通过调整百叶帘的角度可以根据需要控制进入室内热量的多少，冬季上午或下午时，由于室内温度较低，太阳辐射较弱，调整百叶帘使得涂有高吸收率涂层的面朝外又使百叶帘与此时的太阳光线入射方向接近垂直，令百叶帘尽量多地吸收太阳辐射能，使夹层内的空气迅速升温；冬季中午时，由于室内温度处于一天中最高温，此时太阳辐射又是一天中最强的，调整百叶帘角度使得百叶帘与此时的太阳光线入射方向接近平行，令太阳辐射大部分穿过百叶帘投射到集热墙内墙上，使太阳辐射能积蓄在内墙上又减缓了空气夹层内空气的温升速度。

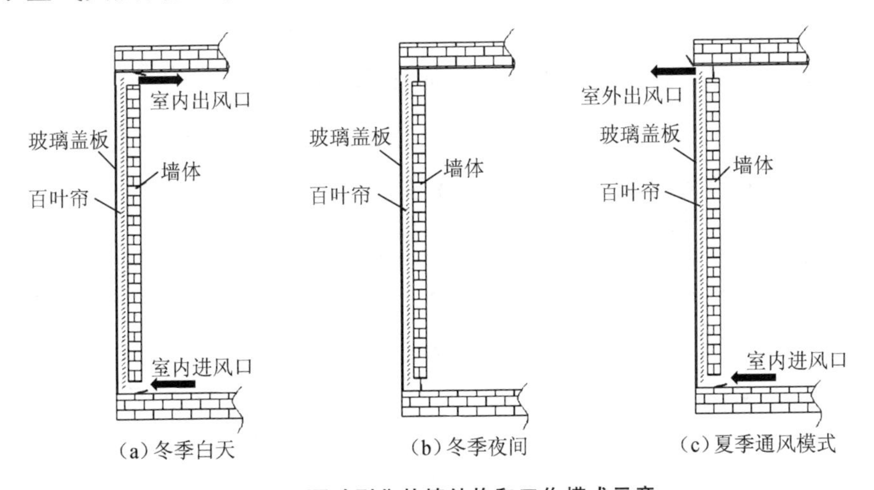

图 3.3 百叶型集热墙结构和工作模式示意

冬季夜间工作模式：如图 3.3(b)所示，在冬季夜晚时，由于此时没有日照条件，且室外温度迅速降低，在下午没有太阳之后，关闭太阳能采暖通风墙的所有通风口，使得集热墙的空气夹层成为一个封闭的空间，减弱对流和辐射热损，增加墙体热阻，减少内墙向室外散失的热量，起到“保温层”的作用，同时内墙将白天积蓄的太阳辐射能释放到室内，提高夜间房间温度。

夏季工作模式：夏季通风模式如图 3.3(c)所示，开启外玻璃盖板的顶部通风口和内砖墙的下通风口，关闭内砖墙的上通风口，百叶帘吸收太阳辐射后加热空气夹层内的空气，由于热虹吸的作用，空气夹层内的热空气通过外玻璃盖板的顶部通风口排放到环境中，室内空气通过内墙下通风口进入空气夹层，以此达到促进房间自然通风的效果。通过调节百叶角度，选择涂有高反射率涂层的面朝外或者涂有高吸收率涂层的面朝外，可以达到控制夏季太阳能采暖通风墙的通风速率的目的，同时百叶帘的存在又减少了内墙的得热，从而降低室内热负荷。夏季工作模式还有一种外部循环模式，当室内通风量足够时，室内进风口关闭，室外的进出风口打开，百叶帘一方面起到遮挡太阳辐射的作用，另一方面起到驱动空气流动的效果。在外部循环模式下，百叶帘吸收太阳辐射后加热空气夹层内的空气，由于热虹吸的作用，空气夹层内的热空气通过外玻璃盖板的顶部通风口排放到室外环境中，室外温度较低的空气通过室外下通风口进入空气夹层，以此达到冷却百叶帘和建筑墙体的效果。

3.2 百叶型太阳能采暖通风墙的实验测试装置

3.2.1 百叶型太阳能采暖通风墙系统性能测试实验平台

本章搭建了百叶型太阳能采暖通风墙的实验测试平台，平台位于安徽省合肥市(32°N,117°E)，平台外观如图 3.4 所示。百叶型太阳能采暖通风墙安装在实验房间南墙面上，集热墙高 2 m、宽 1 m，玻璃盖板与内墙之间的空气流道宽度为 0.14 m，百叶帘放置在空气流道中间即距离外玻璃盖板 0.07 m，通风口的尺寸宽 0.40 m、高 0.10 m，内墙的上下通风口距离太阳能采暖通风墙的上下边缘均为 0.10 m。

因市场上常用的百叶帘对太阳辐射没有很好的选择性吸收效果，而且厚度偏厚，所以实验中所用的百叶帘为定制的百叶。百叶帘的制作过程如图 3.5 所示，百叶片由铝合金平板制作而成，厚度约为 1 mm，叶片的正反两面分别涂有高吸收率和高反射率涂层(图 3.6)，百叶片的尺寸为 2.5 cm×1 cm(高度×宽度)，然后在距两端 15 cm 处打孔，最后将所有的百叶片连接起来构成需要的百叶帘。实验平台围护结构及物性参数见表 3.1。

图3.4 百叶型太阳能采暖通风墙实验测试平台外观

图3.5 百叶帘的制作过程

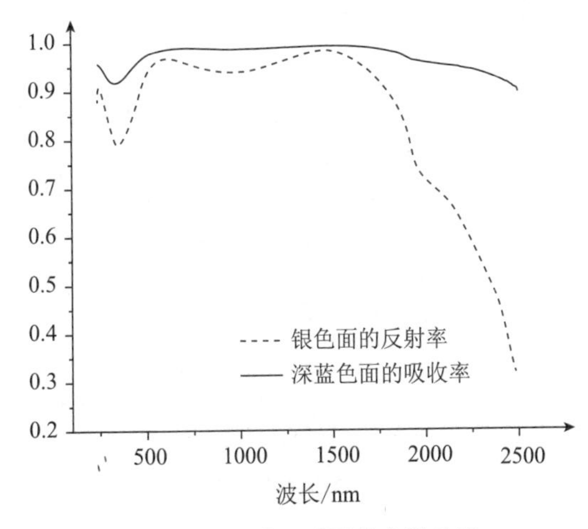

图3.6 百叶正反面的光学特性

表 3.1 测试平台围护结构物性参数

结　构	材　料	厚度/m	导热系数/W·(m·K)$^{-1}$	密度/kg·m^{-3}	比热容/J·(kg·K)$^{-1}$
保温墙	钢板	0.004	60.5	7854	434
	聚苯乙烯	0.3	0.04	15	1210
	钢板	0.004	60.5	7854	434
普通南墙	砖墙	0.390	0.814	1800	840
百叶集热墙	玻璃	0.003	1.4	2500	810
	百叶	0.001	202.5	2700	871
	集热内墙	0.024	0.814	1800	840

百叶型太阳能采暖通风墙通风口的开关由通风口上的阀门控制，为此设计了电控系统来控制 3 个阀门的开闭动作。电路控制如图 3.7 所示，在阀门未碰触限位开关时，限位开关是闭合状态。将双刀双掷开关打到 1、2 时，阀门向上开始关闭通风口，直到通风口被完全关闭，阀门碰触上限位开关，则上限位开关自动断开，阀门停止运动。这时将开关打到 3、4，与上限位开关并联的二极管正向接通，电机反转，阀门向下运动，直到通风口完全被打开，阀门碰触下限位开关，下限位开关自动断开，阀门停止运动。再将开关打到 1、2，与下限位开关并联的二极管则正向接通，电机正转，阀门开

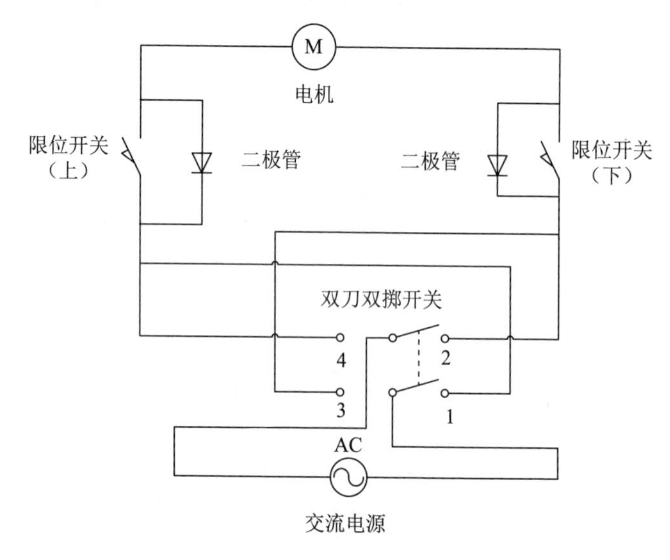

图 3.7 控制阀门开关的电路

始向上运动，逐渐关闭阀门，直到通风口完全被关闭，阀门碰触上限位开关，上限位开关自动断开，阀门停止运动，至此阀门完成整个周期的运动，实现阀门的关闭—开启—关闭过程。

在建筑围护结构热工性能的研究中，热箱是一种普遍使用的实验手段，通过它不仅能测定墙体构件传热系数、热阻，还能进行空气渗透、传湿实验，另外也可以用它进行室内热环境研究。本实验采用热箱对百叶型太阳能采暖通风墙在室外环境下进行测试，热箱的尺寸为3.9 m×3.8 m×2.6 m(宽×长×高)，除南墙为390 mm普通砖墙外，其他三面墙均采用绝热夹芯彩钢板结构，中间夹层为50 mm的聚苯乙烯泡沫板。百叶型太阳能采暖通风墙(2.0 m高×1.0 m宽)通过框架固定起来，最外面用玻璃盖板密封，再通过螺丝固定在实验房间的南墙上，玻璃盖板和南墙之间的距离为16 cm，且在距离顶/底部20 cm处居中开设两个12 cm×40 cm(高×宽)的通风口。

3.2.2 百叶型太阳能采暖通风墙测量参数、测试方法和测试设备

百叶型太阳能采暖通风墙测量参数主要包括温度测量、辐射测量、风速测量。

(1)温度测量。采用固定冰点补偿法(测量精度±0.2 ℃)，使用铜-康铜热电偶，对玻璃盖板的温度、百叶温度、空气流道温度、上下通风口温度、测试房间和对比房间室内温度、环境温度进行测量。

(2)辐射测量。测量南墙竖直面太阳辐射强度，使用锦州阳光科技有限公司生产的TBQ-2辐射表，其端面与南墙端面平行，直接测量投射到竖直面的太阳辐射值。

(3)风速测量。通风口的空气质量流量和风速采用KANOMAX-A533型风速仪测量，测量范围0～5 m/s，测量精度±0.01 m/s。

数据采集系统采用的是由安捷伦34970A型数据采集仪和记录数据的电脑组成，其实物如图3.8所示。电脑实时记录通过采集仪扫描采集并记录上述室内温度、墙壁温度、辐射值等，实验期间数据采集系统每30 s采集记录一次数据。

图 3.8 数据采集系统实物

3.3 百叶型太阳能采暖通风墙的流动传热模型

3.3.1 基于计算流体力学的空气流动模型

1974 年,丹麦学者 Nielsen 首次将计算流体力学应用于建筑室内环境工程领域,对通风房间内的空气流动进行模拟。此后,应用数值模拟方法模拟室内气流场的研究得到迅速发展。百叶型太阳能采暖通风墙空气腔中的空气流动与室内空气流动类似,基本上都是低速湍流流动。本章采用计算流体力学的湍流模型对空气腔内的气流场进行数值模拟。

在建筑环境模拟中,经常应用于模拟湍流的计算流体力学方法有 3 种:直接数值模拟(direct numerical simulation, DNS)、大涡模拟(large eddy simulation, LES)和雷诺平均 Navier-Stokes(Reynolds-averaged Navier-Stokes, RANS)模拟。DNS 是最精确的计算方法,该法直接求解瞬时 Navier-Stokes 方程来获得湍流信息,无须对湍流流动做任何简化或近似,理论上可以得到相对准确的计算结果。然而,DNS 计算需要很高的计算机内存和计算速度,现有计算机的计算能力还很难满足,因此在实际工程应用中极少采用。

大涡模拟(LES)的基本思想是应用DNS直接模拟湍流中的大尺度涡,而小涡对大涡的影响(亚格子雷诺应力)通过近似的模型考虑。随着计算机硬件条件的快速提高,LES方法的研究与应用呈明显上升趋势,成为目前计算流体力学领域的热点之一。虽然关于LES数值计算方法的研究与应用发展很快,但目前尚较少应用于气固两相流动中具有复杂边界条件的湍流研究上。

雷诺平均Navier-Stokes(RANS)模拟方法通过求解时均Navier-Stokes方程,将瞬态的脉动量通过某种模型在时均方程中体现出来。雷诺平均的核心思想是把时均方程及湍流特征量输运方程中未知高阶的时间平均值表示成在计算中可以确定的较低阶量的函数,从而使方程封闭。由于在实际工程应用中,人们更关心流动的时均值而忽略湍流的细节,因此目前大量的工程湍流计算还是依赖基于雷诺时均方程及湍流特征量的输运方程。

根据对雷诺应力做出的假设或处理方式的不同,RANS模拟中的湍流模型有两大类:雷诺应力模型(Reynolds stress model)和涡黏模型(eddy viscosity model)。各种湍流模型如图3.9所示,并在相关文献中均有应用报道。

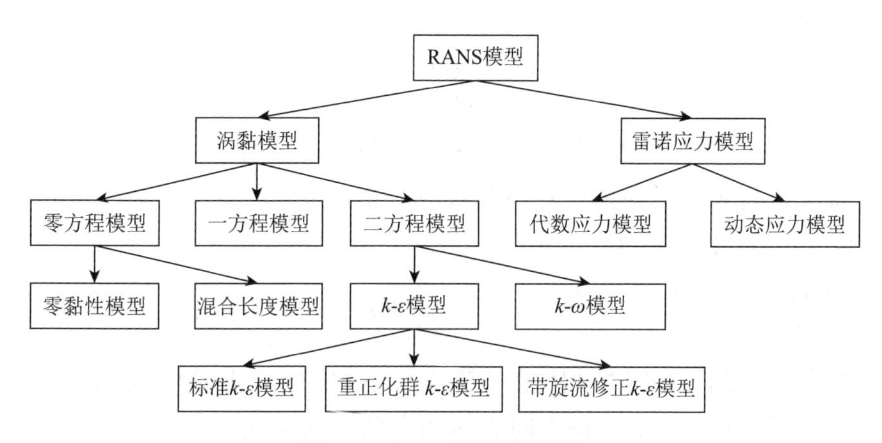

图3.9 RANS湍流模型概览

雷诺应力模型所需计算量较大,目前在实际应用得并不是很多,涡黏湍流模型因其计算量相对较小而被广泛应用,其中 k-ε 二方程系列模型较好地平衡了计算资源需求以及计算精度,在建筑空气环境模拟领域中得到广泛认可。此系列模型包含标准(standard) k-ε 模型、重正化群

(re-normalized group,RNG)k-ε 模型以及带旋流修正(realizable)k-ε 模型。RNG k-ε 湍流模型的框架与标准 k-ε 模型的偏微分方程相同,但在标准 k-ε 模型的基础上进行了修正,有效地改善了精度。其区别在于以下几点:RNG 模型的 ε 方程中增加了一项;RNG k-ε 模型中的系数是由理论推导所得,且考虑了湍流应变率的影响,相比标准 k-ε 模型中由经验公式推出的系数更加精确,更适用于计算旋转流和近壁湍流;RNG k-ε 模型对低雷诺数流动和高雷诺数流动都适用,而标准 k-ε 模型只适用于模拟高雷诺数流动。虽然带旋流修正 k-ε 模型是在 RNG k-ε 模型和标准 k-ε 模型基础上进行修正,理论上更适用于循环流动和强负压的边界层流动,但是发展时间较短,缺少模型验证数据,而没有被广泛应用于实际工程中。RNG k-ε 模型在模拟室内空气流动时具有较好的综合效果。因此,本章以 RNG k-ε 二方程湍流模型建立百叶型太阳能采暖通风墙的空气流动模型。

RANS 湍流模型是将物理量的瞬时值看作时均值和脉动值之和,即 $\varphi=\Phi+\varphi'$,其中 $\Phi=\dfrac{1}{\Delta\tau}\int_0^{\Delta\tau}\varphi(\tau)\mathrm{d}\tau$ 表示对物理量按时间 $\Delta\tau$ 取平均值。那么,根据质量守恒定律、动量守恒定律推导出的瞬时 N-S 方程可表示为 RANS 方程,其连续方程、动量方程等的数学表达式如下所述。

(1)连续方程:

$$\frac{\partial\rho}{\partial\tau}+\frac{\partial(\rho U_j)}{\partial x_j}=0 \tag{3.1}$$

式中,ρ 是密度;τ 是时间;当下标 j 取值 1、2、3 时,x_j 分别表示 3 个空间坐标,U_j 则表示时均速度在各坐标轴上的分量。

(2)动量方程:

$$\frac{\partial(\rho U_i)}{\partial\tau}+\frac{\partial(\rho U_jU_i)}{\partial x_j}=-\frac{\partial P}{\partial x_j}+\frac{\partial}{\partial x_j}\left(\mu\cdot\frac{\partial U_i}{\partial x_j}\right)-\frac{\partial(\rho\overline{u_j'u_i'})}{\partial x_j}+S_i \tag{3.2}$$

式中,P 是作用在微元体上的压力;μ 是层流动力黏度;$\overline{u_j'u_i'}$ 表示脉动速度乘积的平均值;S_i 是不同方向动量的广义源项,$S_i=F_i+s_i$,F_i 是微元体上的体力,s_i 是因流体黏性变化产生的作用力,对于不可压缩流体,$s_i=0$。

(3)能量方程:

$$\frac{\partial(\rho H)}{\partial\tau}+\frac{\partial(\rho U_jH)}{\partial x_j}=\frac{\partial}{\partial x_j}\left(K\cdot\frac{\partial T}{\partial x_j}\right)-\frac{\partial(\rho\overline{u_j'h'})}{\partial x_j}+S_h \tag{3.3}$$

式中，H 是流体时均焓值；K 是导热系数；T 是流体温度，且 $H=cT$，c 为比热容；$\overline{u'_j h'}$ 表示脉动速度与脉动焓值乘积的平均值；S_h 是能量的广义源项，通常是由内热源产生的热能和因流体黏性作用由机械能转化而成的热能组成。

RANS 方程里多出一项，与脉动速度 $-\rho\overline{u'_j u'_i}$ 有关。此项被定义为雷诺应力，即 $\tau_{ij}=-\rho\overline{u'_j u'_i}$ 。为了求解上述方程，必须使方程组封闭，即建立雷诺应力的表达式。涡黏模型中引用 Boussinesq 假设：

$$\tau_{ij}=-\rho\overline{u'_j u'_i}=\mu_t\left(\frac{\partial U_i}{\partial x_j}+\frac{\partial U_j}{\partial x_i}\right)-\frac{2}{3}\rho k\delta_{ij} \tag{3.4}$$

式中，μ_t 是湍流黏度或涡黏，取决于流动状态；k 是湍流动能，且 $k=\overline{u'_i u'_i}/2$ ；当 $i=j$ 时 $\delta_{ij}=1$ ，当 $i\neq j$ 时 $\delta_{ij}=0$。

引入 Boussinesq 假设以后，湍流模拟的关键就在于如何求解 μ_t。k-ε 二方程湍流模型将 μ_t 与湍流动能(k) 和湍流耗散率(ε)联系起来，即

$$\mu_t=\rho C_\mu\frac{k^2}{\varepsilon} \tag{3.5}$$

然后通过求解两个微分方程得到 k 和 ε，进而求出 μ_t 的数值解，从而使方程组封闭。

RNG k-ε 模型中 k 和 ε 的微分方程如下：

(1)湍流动能方程：

$$\frac{\partial(\rho k)}{\partial\tau}+\frac{\partial(\rho U_j k)}{\partial x_j}=\frac{\partial}{\partial x_j}\left(\alpha_k\mu_{\text{eff}}\frac{\partial k}{\partial x_j}\right)+G_k+G_b-\rho\varepsilon+S_k \tag{3.6}$$

(2)湍流耗散率方程：

$$\frac{\partial(\rho\varepsilon)}{\partial\tau}+\frac{\partial(\rho U_j\varepsilon)}{\partial x_j}=\frac{\partial}{\partial x_j}\left(\alpha_\varepsilon\mu_{\text{eff}}\frac{\partial\varepsilon}{\partial x_j}\right)+C_{1\varepsilon}\frac{\varepsilon}{k}(G_k+C_{3\varepsilon}G_b)-C_{2\varepsilon}\rho\frac{\varepsilon^2}{k}-R_\varepsilon+S_\varepsilon \tag{3.7}$$

其中，$\mu_{\text{eff}}=\mu+\mu_t=\mu+\rho C_\mu\frac{k^2}{\varepsilon}$；$G_k=-\rho\overline{u'_j u'_i}\frac{\partial U_j}{\partial x_i}$；$G_b=\beta g_i\frac{\mu_t}{Pr_t}\frac{\partial T}{\partial x_i}$；$\eta=\sqrt{2S_{ij}S_{ij}}\frac{k}{\varepsilon}$，$R_\varepsilon=\frac{C_\mu\rho\eta^3(1-\eta/\eta_0)}{1+\beta\eta^3}\frac{\varepsilon^2}{k}$，$S_{ij}=2\left(\frac{\partial U_j}{\partial x_i}+\frac{\partial U_i}{\partial x_j}\right)$；$C_\mu=0.0845$；$\alpha_k=\alpha_\varepsilon=1.39$；$\beta=0.012$ ；$Pr_t=0.9$，$C_{1\varepsilon}=1.42$，$C_{2\varepsilon}=1.68$，$C_{3\varepsilon}=1.0$；$\eta_0=4.38$。

以上是 RNG k-ε 湍流模型的偏微分方程组。值得注意的是，流体因壁

面黏性作用而在壁面上速度为零,并产生流动边界层,其流动与流体湍流核心区状况不同,这时需要采用壁面函数法对近壁面区域进行特殊处理,即应用湍流模型计算流体内部湍流,而在近壁面区域使用半经验公式将壁面附近网格节点上的物理量与湍流核心区的求解变量联系起来。本章采用标准壁面函数法,即认为近壁面区域分为层流底层和对数分布区。层流底层中,无量纲速度与无量纲距离成线性分布;而在对数分布区,速度分布服从对数分布定律,其中各参数参照 FLUENT 的用户使用手册。

上述方程组理论上存在精确解,但是由于室内空气流动现象的复杂性,很难获得其精确解。因此,就需要通过数值方法对偏微分方程进行离散,转换成对应离散节点的代数方程组,即建立离散方程组,然后在计算机上进行求解来获得模型的数值解。本章应用控制容积法(control volume method)离散偏微分方程,基本思路是将求解区域划分为有限个连续但互不重叠的控制容积,每个控制容积中心表示一个网格节点;然后将待解偏微分方程组在每一个网格内积分,从而得到一组离散方程。其中未知数为网格节点的因变值。然而,在每个网格内进行偏微分方程积分时,最重要的是将网格界面上的物理量及导数应用相邻网格节点的物理量插值求出。因此,选择插值方式(或离散格式)对数值模拟尤为重要。根据常用离散格式的性能分析,本章采用 Presto(压力交错)格式离散压力项,并为了提高精度,其他微分项采用二阶迎风格式进行离散。

按照上述方法建立的离散方程组,由于方程的复杂性和压力、速度变量之间的耦合,常常无法直接求解,需要对求解顺序和方式进行特殊处理。因此,本章采用 Patankar 与 Spalding 在 1972 年提出的 SIMPLE(semi-implicit method for pressure linked equations)算法,核心思想是在交错网格的基础上,采用猜测后修正的过程来计算耦合的压力场和动量方程,从而求解出空间内的速度场与压力场。

综上所述,本章以 FLUENT 商业模拟软件为研究工具,选用 RNG k-ε 湍流模型,并应用标准壁面函数对近壁面流体进行处理。动量方程采用二阶迎风格式进行离散,压力项采用 Presto 格式离散,而压力项和速度项的耦合采用 SIMPLE 算法求解,联立求解即可得到所求空间内的稳态气流场。

3.3.2 百叶型太阳能采暖通风墙建筑热工性能模型

百叶型太阳能采暖通风墙的建筑热工性能模型可分为5个互相耦合的能量平衡子模型;外玻璃盖板(L_1)能量平衡方程、百叶(L_2)能量平衡方程、空气流道(C_a)能量平衡方程、内墙(L_3)能量平衡方程以及房间空气(R)能量平衡方程,如图3.10所示。

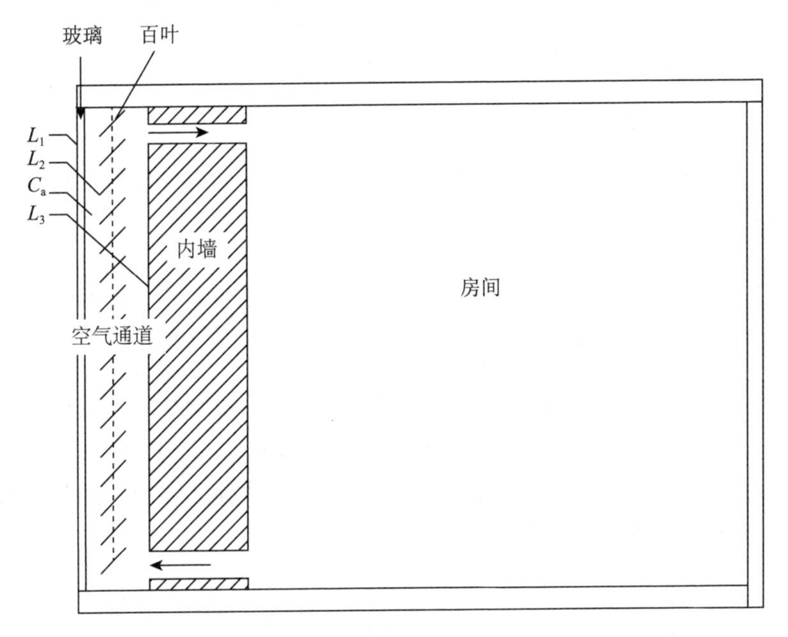

图3.10 百叶型太阳能采暖通风墙建筑热工性能模型子系统

3.3.2.1 外玻璃盖板的能量平衡

由于玻璃厚仅为3~5 mm,整个玻璃盖板温度分布均匀,因此可将其看作一个温度点:

$$m_{L_1} \cdot c_{L_1} \cdot \frac{\mathrm{d}T_{L_1}}{\mathrm{d}t} = A_{L_1} h_{\text{conv-rad}} (T_{\text{eq}} - T_{L_1}) + A_{L_1} h_{\text{c1}} (T_{C_a} - T_{L_1}) + A_{L_1} h_{\text{rad},L_1,L_2} (T_{L_2} - T_{L_1}) + \Phi_{L_1} \tag{3.8}$$

其中 Φ_{L_1} 代表玻璃吸收的太阳辐射能:

$$\Phi_{L_1} = A_{L_1} I_{90^\circ} \cdot \alpha_1 \tag{3.9}$$

h_{c1} 为玻璃板内测的对流换热系数[W/(m^2·K)]:

$$Nu_H = (0.825 + 0.328 Ra_H^{1/6})^2, 0.1 < Ra_H < 10^{12} \tag{3.10}$$

$$Ra_H = \frac{g\beta(T_{L_1} - T_{C_a})H^3}{\nu\alpha} \tag{3.11}$$

$$h_{c1} = \frac{Nu_H \cdot K_a}{H} \tag{3.12}$$

h_{rad,L_1,L_2} 为玻璃板内测的辐射换热系数[W/(m^2 · K)]：

$$h_{rad,L_1,L_2} = \frac{4\sigma T_m^3}{(1/F_{L_1,L_2}) + (1-\varepsilon_{L_1})/\varepsilon_{L_1} + (1-\varepsilon_{L_2})/\varepsilon_{L_2}} \tag{3.13}$$

$$F_{L_1,L_2} = 1 - \sin\left(\frac{90° - s_i}{2}\right) \tag{3.14}$$

3.3.2.2 百叶的能量平衡

每一片百叶约为 0.2 mm，并且其热容量非常小，故不考虑百叶水平的温度分布，即只考虑竖直方向温差

$$m_{L_2} c_{L_2} \frac{dT_{L_2}}{dt} = A_{L_2} h_{c2}(T_{C_a} - T_{L_2}) + A_{L_2} h_{rad,L_1,L_2}(T_{L_1} - T_{L_2}) + A_{L_2} h_{rad,L_2,L_3}(T_{L_3} - T_{L_2}) + \Phi_{L_2} \tag{3.15}$$

Φ_{L_2} 为百叶吸收的太阳辐射，考虑到百叶片之间的遮挡，则有

$$\Phi_{L_2} = \alpha_2 \tau_{L_1} I \cdot P_1 \cdot A_{L_2} \tag{3.16}$$

P_1 为百叶片接受辐射的实际面积比，P_2 为内墙接收到的太阳辐射实际面积比，根据几何关系(图 3.11)，可得出：

$$\begin{cases} P_1 = 1 \\ P_2 = 1 - [\sin(s_i) + \cos(s_i)\tan(h')] \end{cases}, P_1 \geqslant 1 \tag{3.17}$$

$$\begin{cases} P_1 = \dfrac{1}{\sin(s_i) + \cos(s_i)\tan(h')}, P_1 < 1 \\ P_2 = 0 \end{cases} \tag{3.18}$$

h' 为有效的太阳高度角，其表达式为

$$h' = \arctan\left[\frac{\sin(h_s)}{\cos(az_s - az_w)\cos(h_s)}\right] \tag{3.19}$$

h_{rad,L_2,L_3} 分别为百叶与内墙外表面的辐射换热系数[W/(m^2 · K)]。h_{c2} 为百叶与夹层空气的对流换热系数[W/(m^2 · K)]，其表达式为

$$h_{c2} = \frac{Nu_{s_w} \cdot K_a}{s_w} \tag{3.20}$$

$$Nu_{s_w} = (0.60 + 0.322 Ra_{s_w}^{1/6})^2, 0.1 < Ra_{s_w} < 10^{12} \tag{3.21}$$

式中，s_w 为百叶的宽度[参考图 3.11(a)]；K_a 为空气的导热率，

W/(m·K)。

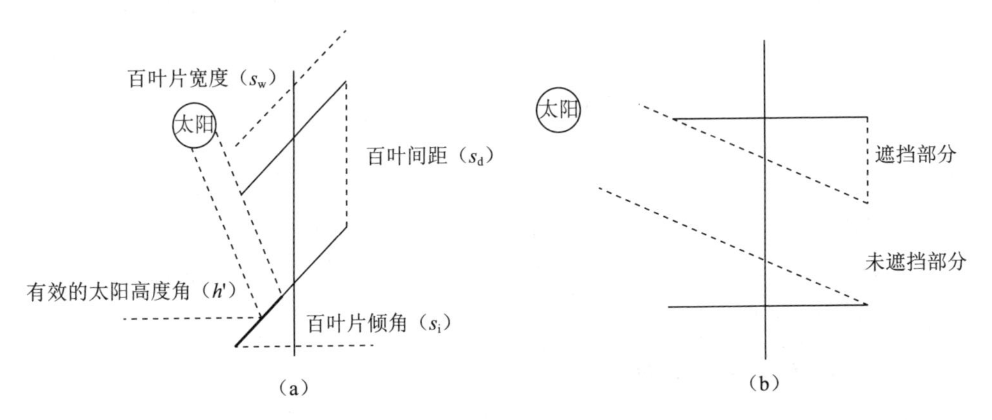

图 3.11　(a)百叶片实际接收辐射面积比与(b)内墙实际接收辐射面积比

3.3.2.3　空气流道的能量平衡

取空气流道中单位长的空气作为控制体，则有

$$\rho_a Dc_a \frac{dT_{C_a}}{dt} = h_{c1}(T_{L_1} - T_{C_a}) + h_{c3}(T_{L_3,o} - T_{C_a}) + h_{c2}(T_{L_2} - T_{C_a}) - \rho_a V_a DC_a \frac{dT_{C_a}}{dy} \tag{3.22}$$

式中，D 为空气流道的深度，m；c_a 为空气的热容，J/(kg·K)；ρ 为空气密度，kg/m^3；$T_{L_3,o}$ 为集热墙外表面温度，K；V_a 为空气流道中的空气流速，m/s。

空气流道内的空气流速 V_a 用下式计算：

$$V_a = \sqrt{\frac{g\beta(T_{out} - T_{in})H}{C_{in}\left(\frac{A}{A_{in}}\right) + C_{out}\left(\frac{A}{A_{out}}\right) + C_f\left(\frac{H}{d}\right)}} \tag{3.23}$$

式中，H 为百叶集热墙高度，m；d 为流道的动力尺寸，m，$d = 2(w + D)$；A 为空气流道高度方向的截面积，m^2，$A = w \times D$；A_{out}、A_{in} 分别为上下风口的面积，m^2；C_f、C_{out}、C_{in} 分别为空气流道沿程阻力系数、上下风口处的损失系数。

3.3.2.4　内墙的能量平衡

假设集热墙传热是一维传热，则非稳态传热方程为

$$\frac{\partial T}{\partial t} = \frac{\lambda_{L_3}}{\rho_{L_3} C_{L_3}} \frac{\partial^2 T}{\partial^2 Y} \tag{3.24}$$

$$-\lambda_{L_3}\left(\frac{\partial T}{\partial X}\right)_{x=0}=h_{c3}(T_{L_3}-T_{C_a})+h_{rad,L_2,L_3}(T_{L_3}-T_2)+P_2\cdot\alpha_3\tau\cdot I \tag{3.25}$$

$$-\lambda_{L_3}\left(\frac{\partial T}{\partial X}\right)_{x=D_w}=h_{L_3,r}(T_{L_3,i}-T_r) \tag{3.26}$$

式中，ρ_{L_3}、C_{L_3}、λ_{L_3} 分别为集热墙的密度(kg/m^3)、热容[J/(kg·K)]、热传导系数[W/(m·K)]；T_r为室内空气的平均温度，K；h_{c3}、$h_{L_3,r}$分别为集热墙外侧、内侧的对流换热系数，W/(m^2·K)；h_{rad,L_2,L_3} 为集热墙外侧与百叶的辐射换热系数，W/(m^2·K)。

3.3.2.5 房间空气的能量平衡

根据集热墙上下风口与房间的关系，整个房间内空气流动的特点类似于置换通风，采用“四节点”模型计算房间的传热、流动：贴着地板和天花板的空气各作为一个节点，房间的温度沿着高度方向线性分布，即从地板处的空气到天花板处的空气温度按梯度线性增加。房间的能量平衡方程如下：

$$\rho c_p\frac{\mathrm{d}T_r}{\mathrm{d}t}W_rL_rH_r=2\rho c_pAV_a(T_{out}-T_{in})-hc_c(T_{out}-T_c)W_rL_r+\sum_{i=1}^{N}hc_i(T_i-T_r)A_i \tag{3.27}$$

$$T_r=T_{a,c}-s\cdot H_r/2 \tag{3.28}$$

$$T_{in}=T_{a,c}-s\cdot(H_r-h) \tag{3.29}$$

$$2\rho c_aq(T_{out}-T_{a,c})=h_{cc}(T_{out}-T_c)W_rL_r \tag{3.30}$$

$$h_{cc}=-0.166+0.484\mathrm{ACH}^{0.8} \tag{3.31}$$

$$\mathrm{ACH}=\frac{\rho V_aA_{in}\times 3600}{L_r\cdot W_r\cdot H_r} \tag{3.32}$$

上述式中，i 代表除了天花板外的其他墙面；T_c代表天花板温度，K；$T_{a,c}$为天花板附近的空气温度，K；h_{cc}为天花板表面的空气对流换热系数，W/(m^2·K)；ACH 指房间的换气次数。

3.4 百叶型太阳能采暖通风墙的结构优化

本节通过建立百叶型太阳能采暖通风墙的三维计算流体力学模型来研究集热墙的采暖性能，并对其内部结构进行分析和优化。首先通过实验测试数据来验证计算流体力学模型的准确性，之后采用验证后的模型比较分析百叶帘位置和太阳能采暖通风墙其他结构参数对集热墙采暖性能的影响。

3.4.1 模型建立与验证

本节采用商用计算流体力学软件 FLUENT 来模拟太阳能采暖通风墙内空气在自然对流条件下的流动与传热特性。百叶型太阳能采暖通风墙的计算区域如图 3.12 所示。进出口和壁面边界条件通过实验测得的数据给定。计算中，外玻璃盖板设置为对流换热壁面边界条件。综合考虑对流换热和辐射换热的影响，外玻璃盖板与外界环境的换热系数为

$$h = 5.7 + 3.8V \tag{3.33}$$

式中，V 为实验测得的室外风速，m/s。

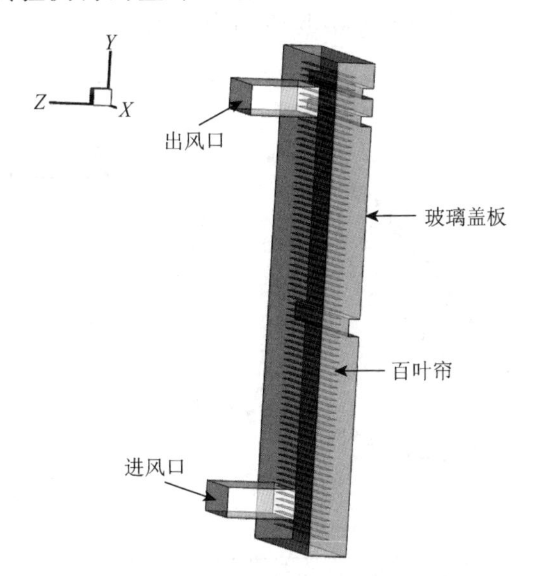

图 3.12　百叶型太阳能采暖通风墙三维计算区域

外界环境温度设置为实验测得的室外空气温度。百叶帘设置为恒定热流边界条件，表示百叶帘吸收并传递到计算区域中的太阳辐射能量。假定通风口壁面和内墙壁面为绝热壁面。上下通风口的进出风口均设置为压力出口，回流温度设置为实验中测定的通风口空气温度。进出风口湍流动能和耗散速率的值通过湍流强度、风口特征长度尺度和进口速度计算得到。计算中考虑了重力加速度的影响，空气密度采用 Boussinesq 模型来模

拟由浮力产生的热虹吸作用。

用于验证三维计算流体力学模型的准确性所采用的实验数据取自实验测试平台上测得的太阳辐射和进出风口温度,如图 3.13 所示。模型中用于稳态计算的边界条件为 12:15 至 12:30 的实验测量数据的平均值,包括平均室外环境温度 5.6 ℃、平均进风口空气温度 11.7 ℃、平均出风口空气温度 25.2 ℃和平均太阳辐射 454 W/m^2。该时间段内实验测得的室外平均风速为 0.34 m/s,因此模型中设置外玻璃盖板与外界环境的换热系数为 6.992 $W/(m^2 \cdot K)$。室外环境温度为 5.6 ℃。进出风口的回流温度分别设置为 11.7 ℃和 25.2 ℃。结合实验测试结果,模拟结果和实验结果的相对误差 RE 采用下式计算:

$$\mathrm{RE} = \left| \frac{X_{\mathrm{exp}} - X_{\mathrm{sim}}}{X_{\mathrm{exp}}} \right| \times 100\% \tag{3.34}$$

式中,X_{exp}和 X_{sim}分别表示实验值和模拟值。

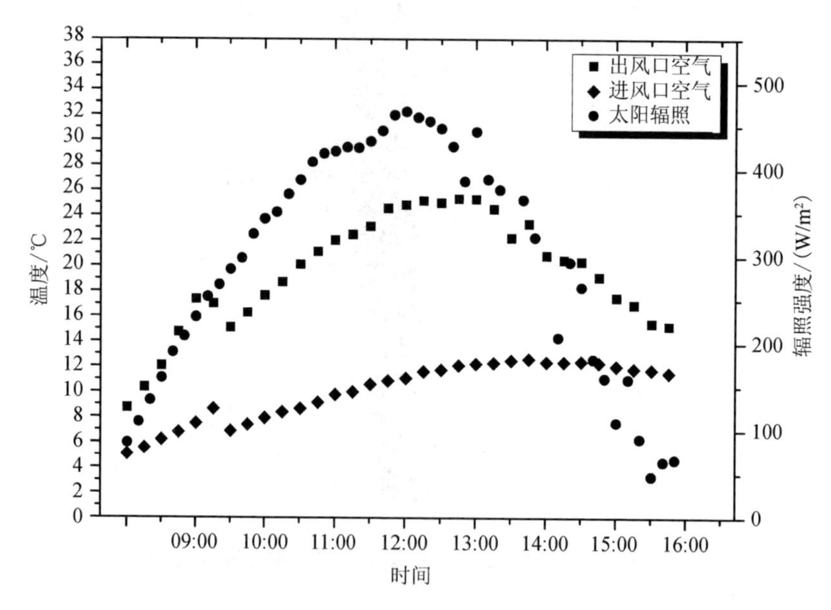

图 3.13 实验测得的太阳辐射强度和进出风口温度

太阳能采暖通风墙的太阳能集热效率由下式计算:

$$\eta = \frac{Q_{\mathrm{th}}}{G \cdot A} \tag{3.35}$$

式中,A 表示太阳能采暖通风墙的有效集热面积,1.7 m^2;Q_{th}表示空气流道内空气吸收的热量,kJ。Q_{th}可以通过下式计算得到:

$$Q_{th} = m \cdot C_p (T_{out} - T_{in}) \tag{3.36}$$

式中，m 表示流经太阳能采暖通风墙的空气质量流量，kg/s；C_p 表示空气的比热容，J/(kg·K)；T_{out} 表示出风口的空气温度，℃；T_{in} 表示进风口的空气温度，℃。

计算实验条件下百叶型太阳能采暖通风墙集热性能，通过对比太阳能采暖通风墙出风口空气温度、空气质量流量和太阳能集热效率的实验值与模拟值，误差均小于 2.5%，可以看出所建立的计算流体力学三维稳态模型可以较好地模拟百叶型太阳能采暖通风墙的集热性能。

图 3.14 给出了太阳能采暖通风墙计算区域在 $X=0.5$ m 和 $X=0.8$ m 横截面的温度云图。可以看出 $X=0.5$ m 和 $X=0.8$ m 横截面的温度显示出相似的趋势，空气夹层的上部空气温度较高而下部空气温度较低。这是因为太阳能采暖通风墙的进风口在集热墙下部，随着空气进入空气流道并往上流动，空气吸收了来自百叶传导的热量。

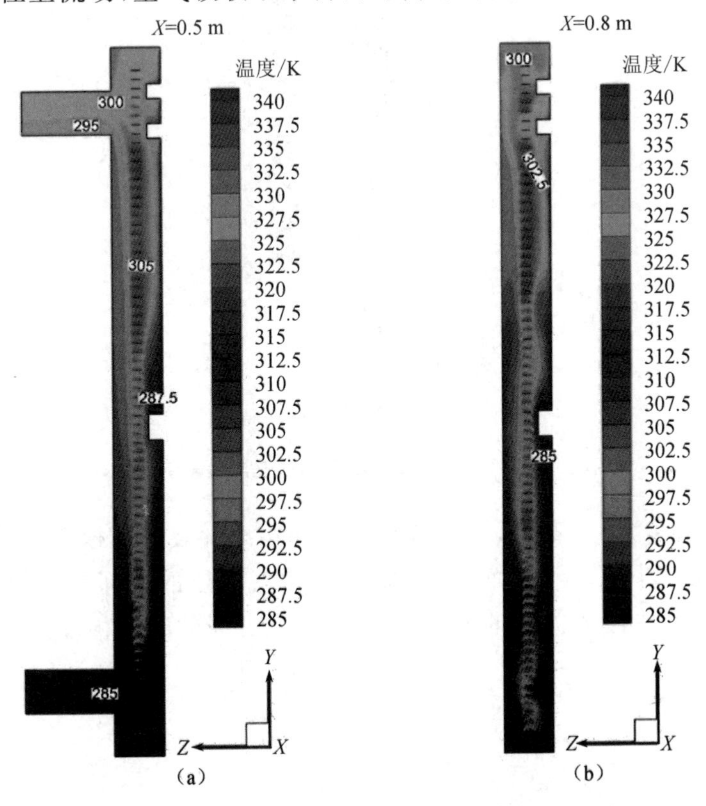

图 3.14　$X=0.5$ m(a)和 $X=0.8$ m(b)截面的温度云图

图 3.15 给出了计算区域的对称面 $X=0.5$ m 横截面的速度矢量图。从图中可以看出，出风口空气的流速大于进风口和空气夹层内的空气流速，这是因为太阳能采暖通风墙空气的流动动力来自空气自身的浮力作用，这就导致了集热墙上部区域相比下部区域有较低的空气密度和较高的流速。

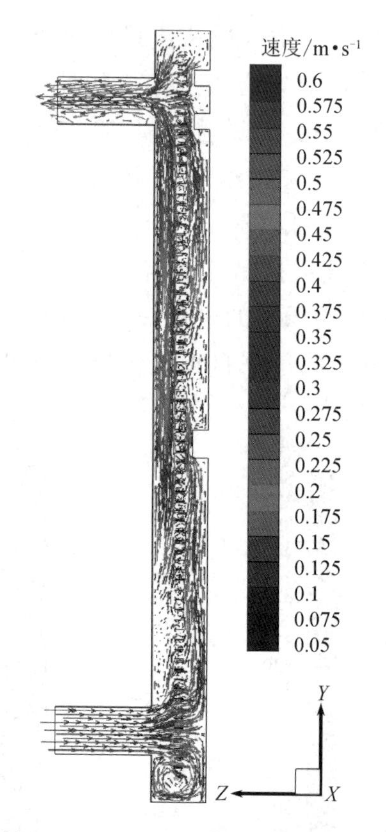

图 3.15　X=0.5 m 截面的速度矢量图

图 3.16 给出了 $Z=0.07$ m 横截面，即距离外玻璃盖板 0.07 m 处的横截面的温度云图。从图中同样可以看出，空气夹层的上部空气温度高于下部空气温度，并且 Y 方向的温度梯度大于 X 方向的温度梯度。

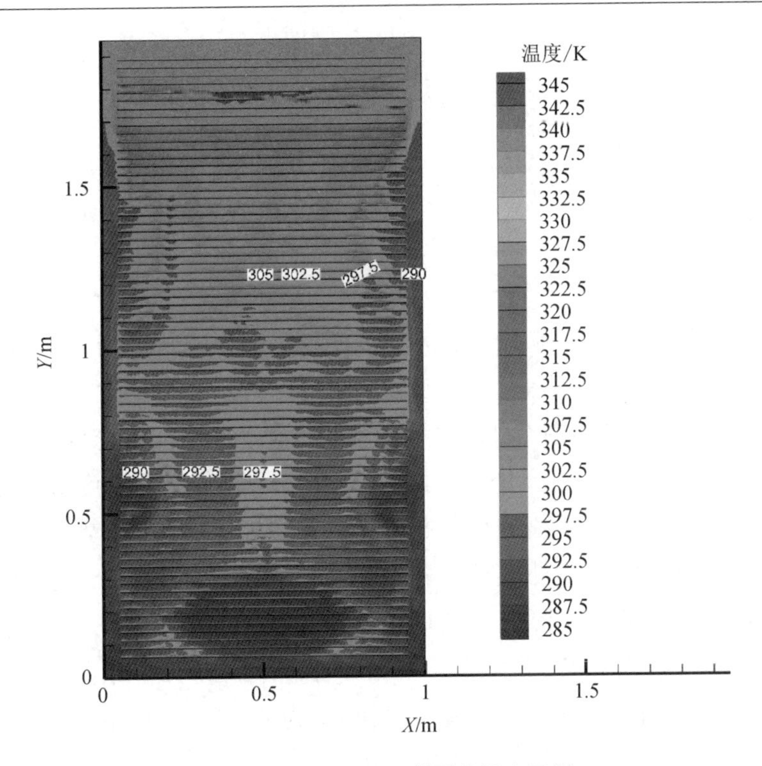

图 3.16　$Z=0.07$ m 截面的温度云图

3.4.2　结构参数影响的研究

为研究百叶帘位置、空气流道宽度和进出风口面积对百叶型太阳能采暖通风墙集热性能的影响，本节采用了三维稳态计算流体力学模型对太阳能采暖通风墙在不同结构参数下的运行性能进行模拟计算。表 3.2 给出了参数对比研究中的结构参数值：百叶帘的位置（百叶帘与外玻璃盖板的距离）、空气流道的宽度（外玻璃盖板与内墙的距离）和进出风口的面积。

表 3.2　参数研究的变量

百叶帘位置 Z/m	空气流道宽度/m	进出风口面积/(m×m)
0.04	0.18	0.20×0.10
0.05	0.16	0.30×0.10
0.06	0.14	0.40×0.10
0.07	0.12	0.50×0.10

续表

百叶帘位置 Z/m	空气流道宽度/m	进出风口面积/(m×m)
0.08	0.10	0.60×0.10
0.09	0.08	0.70×0.10
0.10	—	—

对于百叶帘在空气流道中的位置对太阳能采暖通风墙集热性能的影响，保持其他运行参数不变，仅改变百叶帘的位置，运行所建立的计算流体力学模型，计算结果如图 3.17 所示。从图中可以看出，随着百叶帘与外玻璃盖板的距离从 0.04 m 增加到 0.10 m，出风口空气温度先保持不变(300.5 K)，之后随着距离的增加出风口空气温度呈升高趋势(300.5 K 到 303.2 K)。当百叶帘与外玻璃盖板距离为 0.04 m 和 0.05 m 时，出风口空气温度最低。随着百叶帘与外玻璃盖板距离的增加，进出风口的空气质量流量呈先增后减的趋势，从 0.0181 kg/s 增加到 0.0183 kg/s 后又降低到 0.0158 kg/s。当百叶帘与外玻璃盖板距离为 0.05 m 时，进出风口的空气

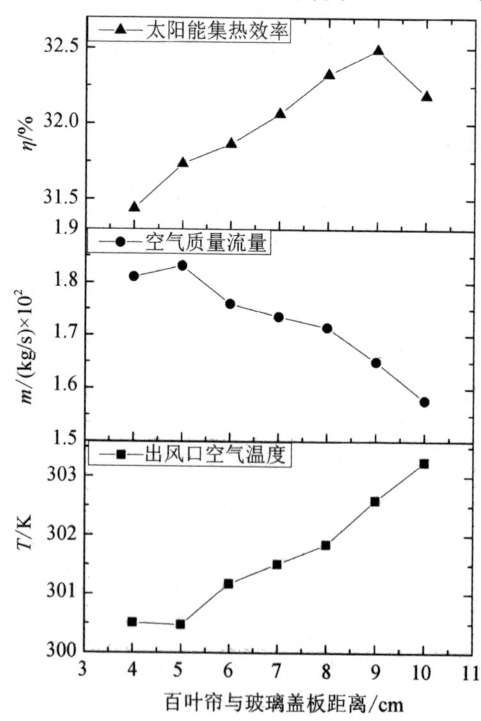

图 3.17　集热墙集热性能随玻璃盖板与百叶帘距离的变化情况

质量流量最大，为 0.0183 kg/s。从图中还可以看出，随着百叶帘与外玻璃盖板距离的增加，太阳能集热效率逐渐升高(31.44%到 32.49%)，当该距离增加到 0.09 m 后，随着距离的增加集热效率开始下降(32.49%到 32.19%)。该现象可以这样解释：百叶帘相比玻璃盖板具有更高的吸收率，百叶帘的温度高于玻璃盖板温度，因此太阳能采暖通风墙热量损失是从百叶帘传递到玻璃盖板中的，增加百叶帘与外玻璃盖板的距离就减少了传递到玻璃盖板中的热损，促使了太阳能集热效率的提高。而当百叶帘与外玻璃盖板的距离超过 0.09 m 时，百叶帘与进出风口的距离小于 0.05 m，百叶帘与进出风口距离的减少，导致了空气流动阻力的增加，而使流过空气流道的空气流量减少。因此，当百叶帘与玻璃盖板的距离超过 0.09 m 后，太阳能集热效率反而降低。对于 0.14 m 宽的空气流道，百叶帘与外玻璃盖板的最佳距离为 0.09 m。

对于空气流道宽度对太阳能采暖通风墙集热性能的影响，保持其他运行参数不变，仅改变空气流道的宽度，运行所建立的三维计算流体力学模型，计算结果如图 3.18 所示。从图中可以看出，随着空气流道宽度，即外

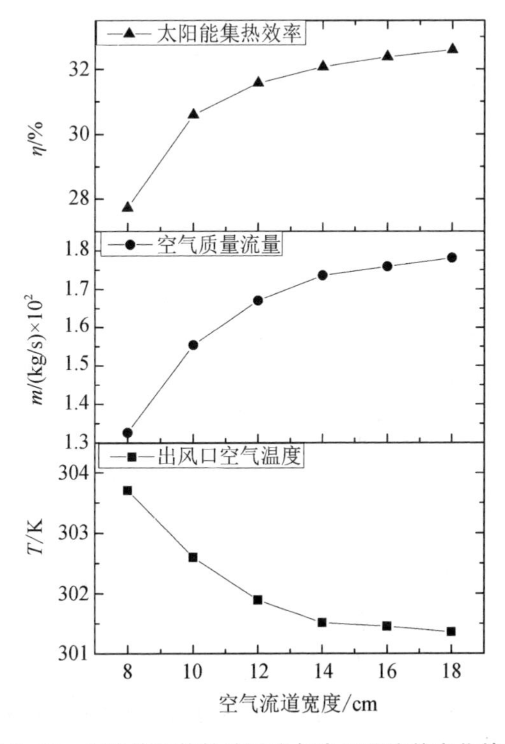

图 3.18　集热墙集热性能随空气夹层厚度的变化情况

玻璃盖板与内墙距离从 0.08 m 增加到 0.18 m，出风口空气温度从 303.7 K 降低到 301.4 K，出风口空气质量流量从 0.0133 kg/s 增加到 0.0178 kg/s，太阳能集热效率从 27.72%增加到 32.65%。当空气流道宽度由 0.12 m 增加到 0.14 m 时，太阳能集热效率增长率为 1.57%；当空气流道宽度由 0.14 m 增加到 0.16 m 时，太阳能集热效率增长率为 0.98%；当空气流道宽度由 0.16 m 增加到 0.18 m 时，太阳能集热效率增长率为 0.67%。但是空气流道宽度的增加会占用较多建筑面积而且会减少内墙的厚度，从经济性和安全性上考虑都是不合适的，因此空气流道宽度取 0.14 m 较为合适。

对于进出风口面积对太阳能采暖通风墙集热性能的影响，保持其他运行参数不变，仅改变进出风口的宽度，运行已建立的计算流体力学模型，计算结果如图 3.19 所示。从图中可以看出，随着进出风口宽度从 0.2 m 增加到 0.7 m，出风口空气温度从 306.1 K 降低到 299.3 K，出风口空气质量流量从 0.0131 kg/s 增加到 0.0206 kg/s。而太阳能集热效率随着进出风

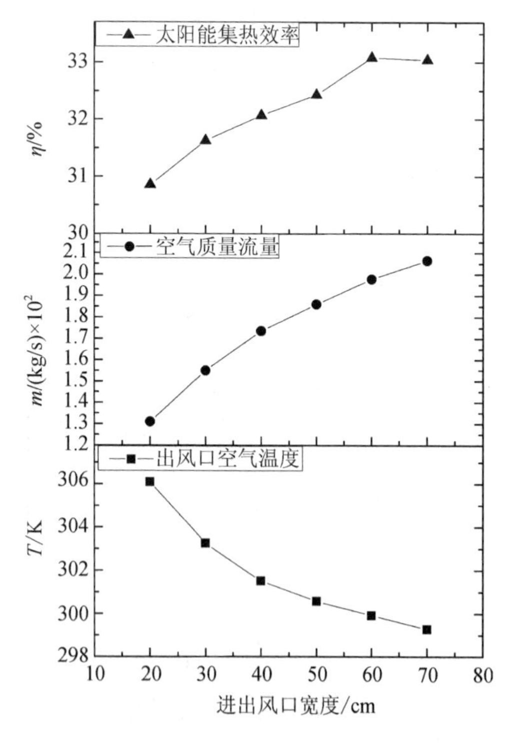

图 3.19 集热墙集热性能随进出风口宽度的变化情况

口宽度的增加先是由30.86%提高到33.08%，当进出风口宽度超过0.6 m后，太阳能集热效率又由33.08%降低到33.04%。该现象可以这样解释：进出风口面积的增加提高了流进太阳能采暖通风墙空气流道的空气质量流量，从而提高了百叶帘与流道内空气的换热效果，同时空气质量流量的增加导致了出风口空气温度的降低。因此，对于2.00 m×1.00 m(高×宽)的百叶型太阳能采暖通风墙，进出风口的最佳面积尺寸为0.6 m×0.1 m(宽×高)。

3.5 百叶型太阳能采暖通风墙的流动传热特性研究

本节对百叶帘不同角度太阳能采暖通风墙内空气的流动传热特性进行研究。在已有的研究过程中，对百叶帘与空气流动换热的研究中是采用假设百叶帘为长直水平圆柱体的方法来确定百叶帘与流经表面空气的对流换热关系式，也就是说假设了百叶帘角度的不同不影响空气流道内空气与百叶帘的对流换热系数和阻力系数的大小。为进一步研究百叶型太阳能采暖通风墙的对流换热特性，本节采用数值求解得到太阳能采暖通风墙空气的速度场和温度场的方法来研究百叶帘角度对集热墙集热效率的影响并获得百叶帘不同角度下空气与百叶帘的对流换热关系式和流动阻力关系式，其中雷诺数的范围为4173～16693。

3.5.1 模型建立与验证

本节采用二维稳态的计算流体力学计算模型来模拟太阳能采暖通风墙内空气的强迫对流换热与流动特性。模型计算区域如图3.20所示，计算区域包括350000个四边形网格，贴近壁面网格经过加密处理以提高计算的鲁棒性和准确性。计算中除了空气密度采用Boussinesq假设，认为空气为不可压缩常物性流体，假设太阳能采暖通风墙内空气流动为二维稳态无黏性耗散湍流流动。进出口和壁面边界条件通过实验测得的数据给定。计算中，外玻璃盖板设置为对流换热壁面边界条件。综合考虑对流换热和辐射换热的影响，外玻璃盖板与外界环境的换热系数为

$$h = 5.7 + 3.8V \tag{3.37}$$

式中，V 为实验测得的室外风速，m/s。

外界环境温度设置为实验测得的室外空气温度。假定通风口壁面和内墙壁面为绝热壁面。百叶帘设置为恒定热流边界条件，表示百叶帘吸收并传递到计算区域中的太阳辐射能。百叶帘吸收的热量由下式计算：

$$Q_{abs} = (\tau_c \alpha) G_{45} \tag{3.38}$$

式中，$(\tau_c \alpha)$表示对于直射或漫射辐射的玻璃透过率与百叶帘吸收率乘积；G_{45}表示投射到与水平面呈45°角平面的太阳总辐射，W/m²。

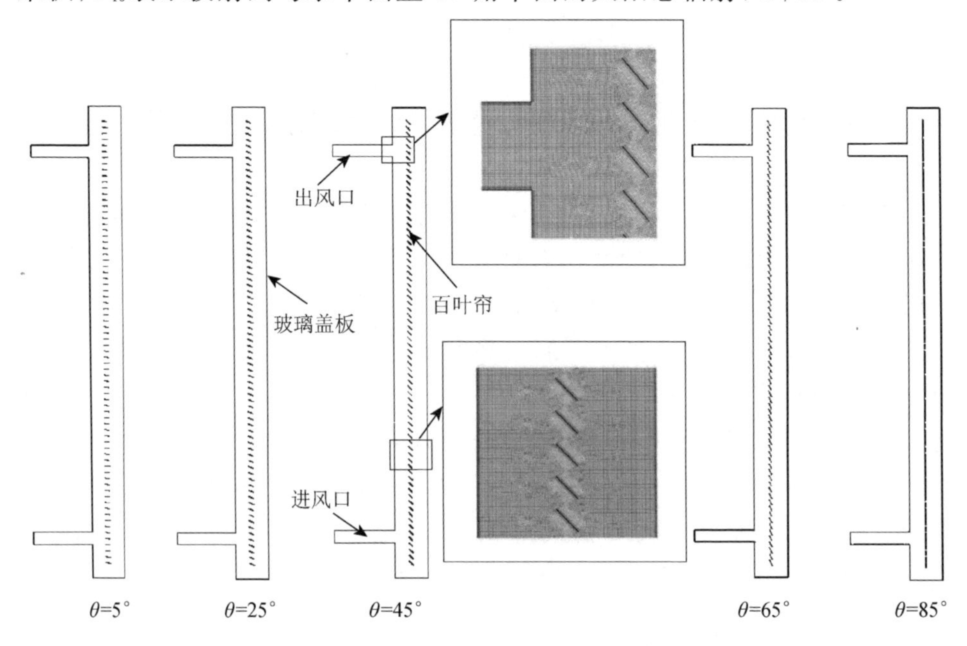

图 3.20　二维计算模型计算区域

太阳能采暖通风墙流道内的空气是由风机将空气从进风口送入，因此进风口的入口边界条件设置为速度进口，出风口边界条件设置为压力出口。计算中采用的进出风口湍流动能和耗散速率的值通过湍流强度、风口长度尺度和进口速度计算得到。采用面对面(surface-to-surface，S2S)辐射模型来模拟计算区域内的辐射换热。计算中速度-压力耦合关系使用压力的半隐式方法联系方程(semi-implicit method for pressure linked equation，SIMPLE)算法，对流项使用迎风格式算法。计算时，模型先在未加载S2S辐射模型的情况下运行至收敛，之后加载S2S辐射模型后继续运行，运行至能量项和其他参数项的残差分别小于10^{-6}和10^{-4}后收敛。

模型采用在晴天条件下太阳能采暖通风墙在实验测试平台上测得的

实验数据作为边界条件,通过比较模拟结果与实验结果的值来验证模型的准确性。实验测试中,百叶的角度设置为与水平面夹角 45°,太阳能采暖通风墙运行模式为冬季白天模式,测得的太阳辐射强度和进出风口空气温度如图 3.21 所示。

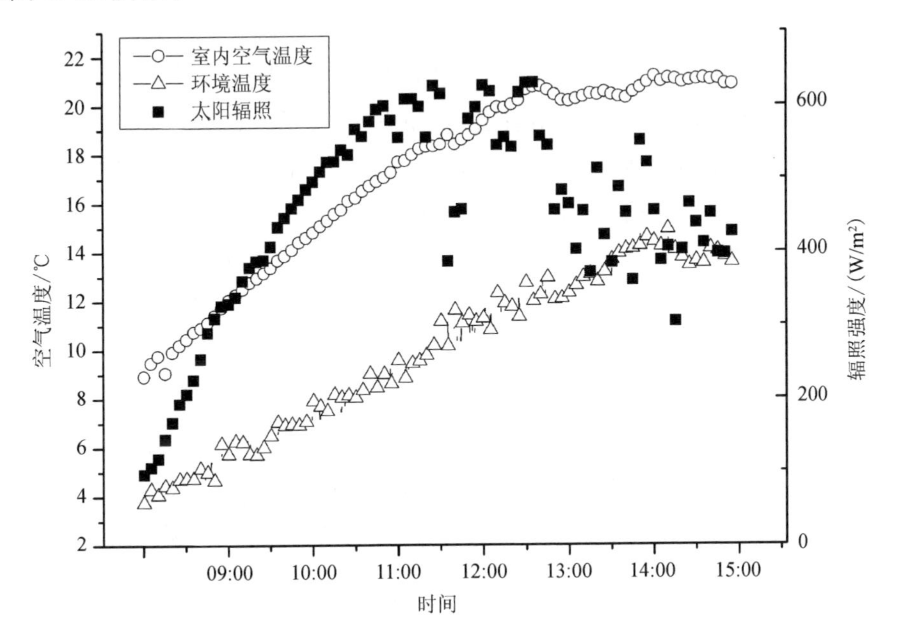

图 3.21 2014 年 1 月 5 日太阳辐射强度和空气温度

模拟结果和实验结果的 RMSE 采用下式计算:

$$\mathrm{RMSE}=\sqrt{\frac{\sum\left[100\times(X_{\exp}-X_{\mathrm{sim}})/X_{\exp}\right]^2}{n}} \tag{3.39}$$

式中,n 表示验证计算的数据点数目;$X_{\exp}$ 和 X_{sim} 分别表示实验值和模拟值。

太阳能采暖通风墙的太阳能集热效率定义为空气流道内空气吸收的热量与太阳能辐射强度的比值。需要说明的是,太阳能采暖通风墙在强迫对流下集热效率更确切的定义方式应该考虑风机的电耗和通过墙体储存的热量。本节中太阳能集热效率由下式计算:

$$\eta=\frac{Q_{\mathrm{th}}}{G\cdot A} \tag{3.40}$$

式中,A 表示太阳能采暖通风墙的有效集热面积,1.7 m^2;Q_{th} 表示空气流道内空气吸收的热量，kJ。Q_{th}可以通过下式计算得到：

$$Q_{th} = m \cdot C_p(T_{out} - T_{in}) \tag{3.41}$$

式中，m 表示流经太阳能采暖通风墙的空气质量流量，kg/s；C_p表示空气的比热容，J/(kg·K)；T_{out}表示出风口的空气温度，℃；T_{in}表示进风口的空气温度，℃。

全天运行中，采用计算流体力学计算模型与实验测试得到的出风口空气温度和太阳能集热效率的对比结果如图 3.22 所示。从图中可以看出，数值模拟结果与实验结果基本吻合，出风口空气温度和太阳能集热效率的全天平均相对误差分别为 2.07%和 8.05%。

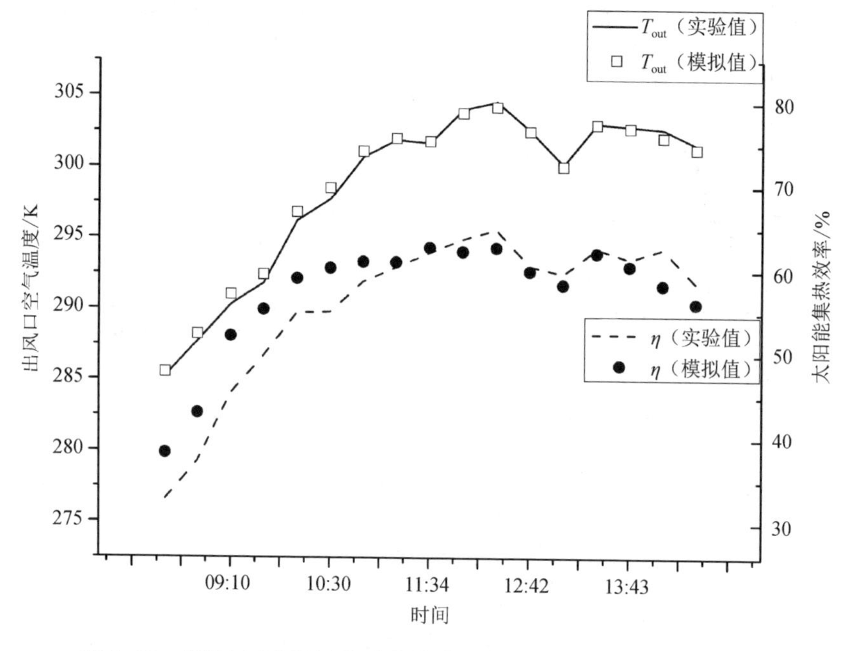

图 3.22　出风口空气温度和太阳能集热效率的模拟值与实验值对比

3.5.2　太阳能采暖通风墙的流动传热特性

为研究百叶帘角度对百叶型太阳能采暖通风墙流动传热特性的影响，本节采用上述方法建立的二维稳态计算流体力学模型对太阳能采暖通风墙在不同百叶帘角度下的运行性能进行模拟计算。对雷诺数在 4173～16693 的范围内，计算得到百叶帘在不同角度下太阳能采暖通风墙出风口空气温度、太阳能集热效率、热空气与百叶帘的对流换热关系式和流动阻力关系式。

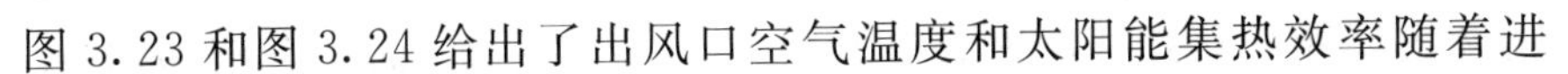

图 3.23 和图 3.24 给出了出风口空气温度和太阳能集热效率随着进

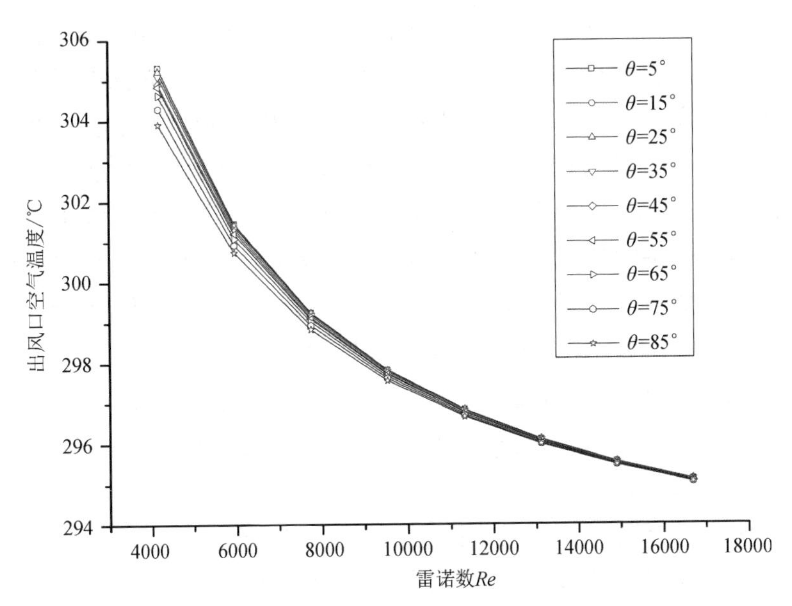

图 3.23　出风口空气温度在不同百叶角度下随雷诺数的变化

风口雷诺数变化时在不同百叶角度下的计算结果。从图中可以看出，在雷诺数范围为 4173～11327 时，百叶帘与水平面夹角的增加导致了出风口空

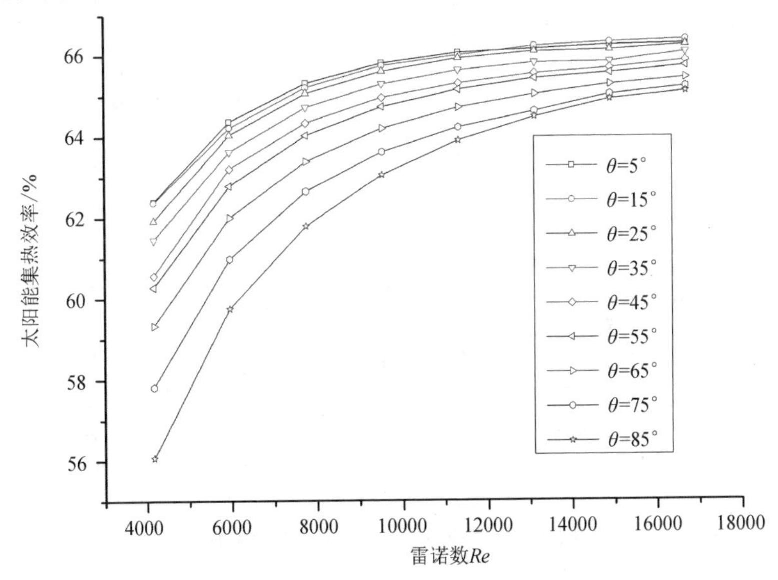

图 3.24　太阳能集热效率在不同百叶角度下随雷诺数的变化

气温度和太阳能集热效率的降低。当雷诺数大于13116时,出风口空气温度和太阳能集热效率随着百叶角度从5°增加到10°而略有增加,百叶角度继续增加时,出风口空气温度和太阳能集热效率随之降低。因此,当投射到百叶帘上的太阳辐射能一样时,百叶帘与水平面的夹角越小则太阳能采暖通风墙的集热效率更高。从图中还可以看出,在某个给定的百叶角度下,随着雷诺数的增加,出风口空气温度呈降低的趋势,太阳能集热效率呈增加的趋势。因此,使用大流量的风机能够提高百叶型太阳能采暖通风墙的集热效率,但是空气流量的增加会降低出风口空气温度并影响室内舒适度,一味地增加空气流量甚至会导致系统综合效率的下降。因此,选择合适流量的风机对百叶型太阳能采暖通风墙的应用至关重要。

图3.25和图3.26给出了空气与百叶帘的对流换热关系式,即努塞尔数 Nu 随着进风口雷诺数变化时在不同百叶角度下的计算结果。从图中可以看出,努塞尔数在雷诺数范围为4173～11327的范围内随着百叶角度的增加而降低,努塞尔数在雷诺数超过13116时随着百叶角度从5°增加到10°而略有增加,随后随着百叶角度继续增加而降低。对于某个给定的百

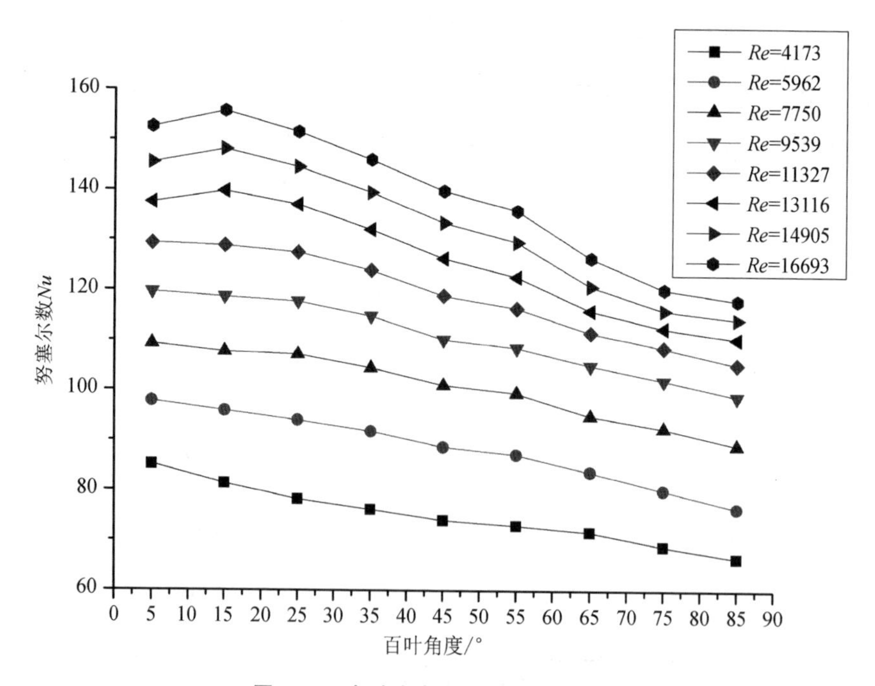

图3.25　努塞尔数与百叶角度的关系

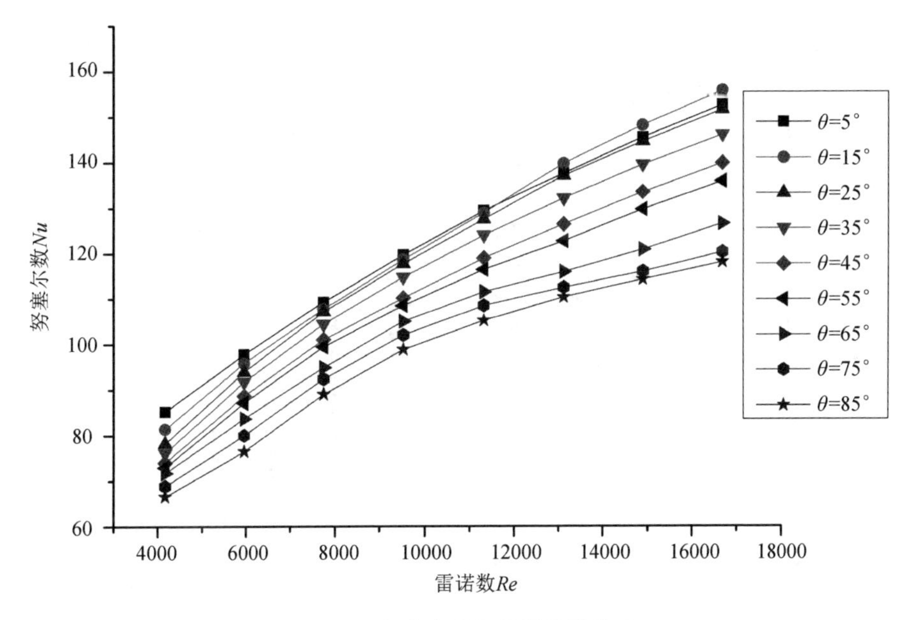

图 3.26 努塞尔数与雷诺数的关系

叶角度，雷诺数的提高导致了努塞尔数的增加，这是因为雷诺数的提高增加了流动的湍流强度。根据计算结果得到的空气与百叶帘的对流换热关系式如下式所示：

$$Nu=\begin{cases}1.9549Re^{0.448}\ (\theta/90^\circ)^{-0.004},5^\circ\leqslant\theta\leqslant15^\circ\\1.5199Re^{0.461}\ (\theta/90^\circ)^{-0.084},15^\circ<\theta\leqslant55^\circ\\1.9609Re^{0.422}\ (\theta/90^\circ)^{-0.259},55^\circ<\theta\leqslant85^\circ\end{cases}\tag{3.42}$$

式中，雷诺数范围为 4173～13116。

从式中可以看出，努塞尔数和雷诺数呈幂律关系，指数范围为 0.422～0.461。百叶帘与水平面夹角越大则其对努塞尔数的影响越大。由计算流体力学模型计算得到的努塞尔数值与通过上式方程得到的努塞尔数值的最大误差为 3.89%，平均误差为 1.39%。

图 3.27 和图 3.28 给出了太阳能采暖通风墙内流经空气流道空气的流动阻力关系式，即阻力系数随着进风口雷诺数变化时在不同百叶角度下的计算结果。从图中可以看出，由于层流子边界层的抑制作用，随着雷诺数和百叶角度的增加阻力系数呈下降的趋势。根据计算结果得到空气的流动阻力关系式如下式所示：

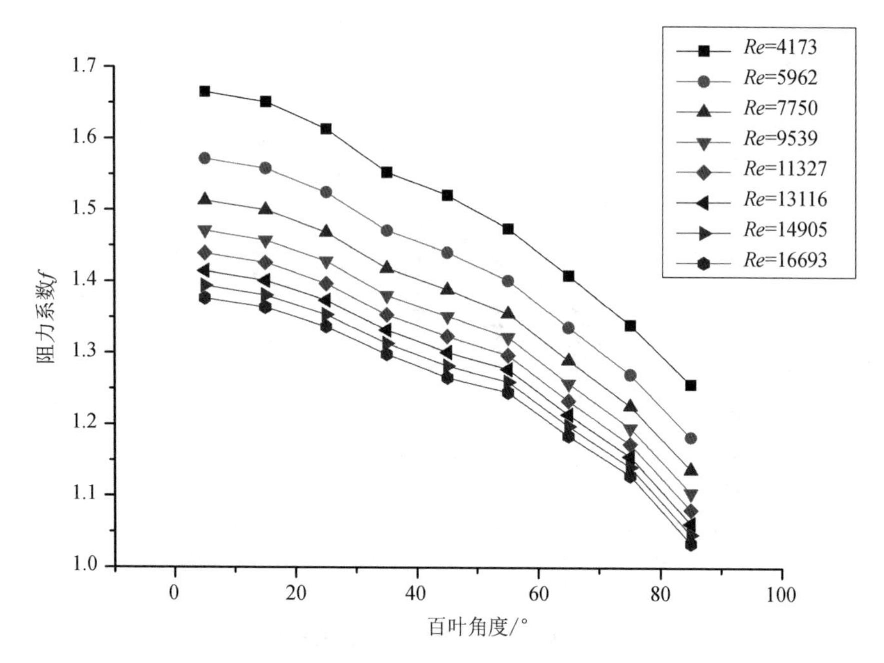

图 3.27 阻力系数与百叶角度的关系

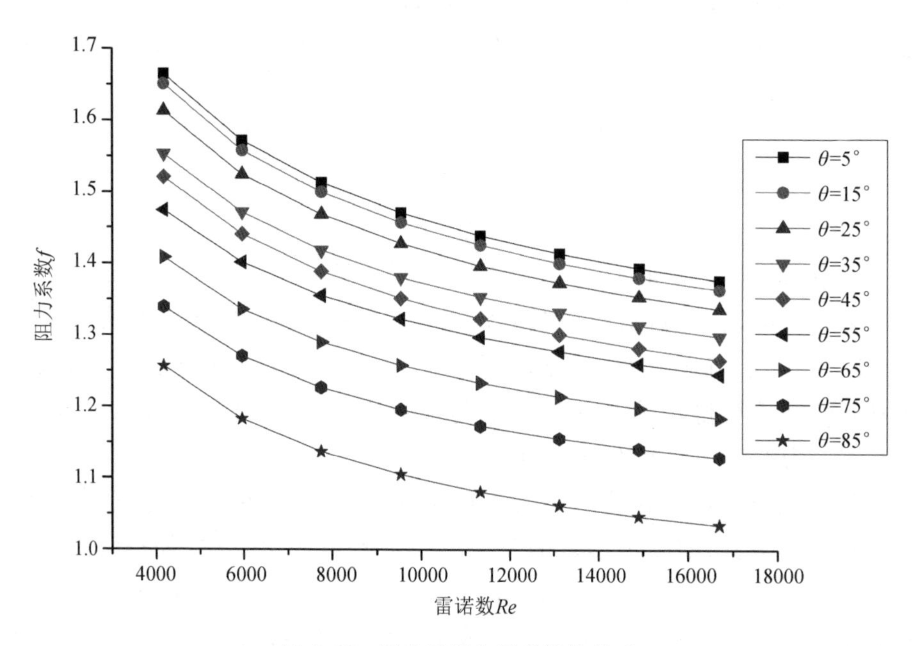

图 3.28 阻力系数与雷诺数的关系

$$f=\begin{cases}5.0432Re^{-0.1366}(\theta/90°)^{-0.008}, 5°\leqslant\theta\leqslant 15°\\4.2465Re^{-0.1317}(\theta/90°)^{-0.094}, 15°<\theta<55°\\3.3706Re^{-0.1224}(\theta/90°)^{-0.409}, 55°\leqslant\theta\leqslant 85°\end{cases}\tag{3.43}$$

式中，雷诺数范围为4173～13116。由计算流体力学模型计算得到的阻力系数与通过上式方程得到的阻力系数的最大误差为2.30％，平均误差为0.74％。

3.6　百叶型太阳能采暖通风墙的夏季模式运行性能

百叶型太阳能采暖通风墙的夏季运行中有两种运行模式：夏季通风模式和外部循环模式。夏季通风模式下，外玻璃盖板的顶部通风口和内砖墙的下通风口开启，内砖墙的上通风口关闭，百叶帘吸收太阳辐射后加热空气夹层内的空气，由于热虹吸的作用，空气夹层内的热空气通过外玻璃盖板的顶部通风口排放到环境中，室内空气通过内墙下通风口进入空气夹层，以此达到促进房间自然通风的效果。外部循环模式下，内砖墙的上下通风口关闭，室外外玻璃盖板的进出风口打开，百叶帘一方面起到遮挡太阳辐射的作用，另一方面起到驱动空气流动的效果。外部循环模式下，百叶帘吸收太阳辐射后加热空气夹层内的空气，由于热虹吸的作用，空气夹层内的热空气通过外玻璃盖板的顶部通风口排放到室外环境中，室外温度较低的空气通过室外下通风口进入空气夹层，以此达到冷却百叶帘和建筑墙体的效果。

百叶型太阳能采暖通风墙在夏季的两种运行模式下，中间空气腔的空气流量对其运行性能及对室内热环境有很大的影响。因此，在对百叶型太阳能采暖通风墙的建筑热工性能进行计算时，准确计算流经空气腔的空气流量至关重要。但目前采用建筑能耗模拟技术对百叶型太阳能采暖通风墙空气腔的空气流量进行计算时采用的是多区域网络节点法，该方法是一种简化的计算方法，它将空气腔看作一个节点，也就是空气腔中的空气物理参数是均一的，这种方法有很大的误差，尤其是对百叶型太阳能采暖通风墙这种空气腔内部有非常大的温度分层的空间。而采用计算流体力学的方法可以很好地模拟百叶型太阳能采暖通风墙的空气流动，但是没办法模拟其对建筑能耗的影响。

因此，为研究百叶型太阳能采暖通风墙在夏季两种不同运行模式下对室内热环境的改善效果，本节采用建筑能耗模拟和计算流体力学技术耦合的方法，这样既可以解决建筑能耗模拟技术中自然通风模拟误差较大的问题，又可以获取自然通风对室内热舒适及污染物的影响。本节主要开展了以下两个方面的研究内容：①采用计算流体力学软件 Fluent 研究了百叶型太阳能采暖通风墙的结构参数和太阳辐射强度对其夏季运行特性的影响；②采用建筑能耗模拟软件 EnergyPlus 建立了百叶型太阳能采暖通风墙的建筑热工与太阳辐射传输模型，并与计算流体力学模型耦合建立了百叶型太阳能采暖通风墙的建筑光热综合性能计算模型，研究了夏季模式下百叶型太阳能采暖通风墙系统对室内热环境和冷热负荷的影响。

3.6.1 模型建立与验证

3.6.1.1 计算流体力学模型的建立

采用 Fluent 建立二维稳态的计算流体力学模型来模拟百叶型太阳能采暖通风墙内空气的流动特性。模型计算区域如图 3.29 所示，外部循环模式和通风模式的计算区域网格数分别为 120 万和 108 万，贴近壁面网格经过加密处理以提高计算的鲁棒性和准确性。计算中除了空气密度采用 Boussinesq 假设之外，认为空气为不可压缩常物性流体，假设太阳能采暖通风墙内空气流动为二维稳态无黏性耗散湍流流动。假定通风口壁面和内墙壁面为绝热壁面。上下通风口的进出风口均设置为压力出口，回流温度设置为已知的室内空气温度。进出风口湍流动能和耗散速率值通过湍流强度、风口特征长度尺度和进口速度计算得到。计算中考虑了重力加速度的影响，空气密度采用 Boussinesq 模型来模拟由浮力产生的热虹吸作用。

计算中，外玻璃盖板设置为对流换热壁面边界条件。综合考虑对流换热和辐射换热的影响，外玻璃盖板与外界环境的换热系数为

$$h = 5.7 + 3.8V \tag{3.44}$$

式中，V 为实验测得的室外风速，m/s。

外界环境温度设置为实验测得的室外空气温度。假定通风口壁面和内墙壁面为绝热壁面。百叶帘设置为恒定热流边界条件，表示百叶帘吸收并传递到计算区域中的太阳辐射能。百叶帘吸收的热量由下式计算：

$$Q_{abs} = (\tau_c \alpha) G_{45} \tag{3.45}$$

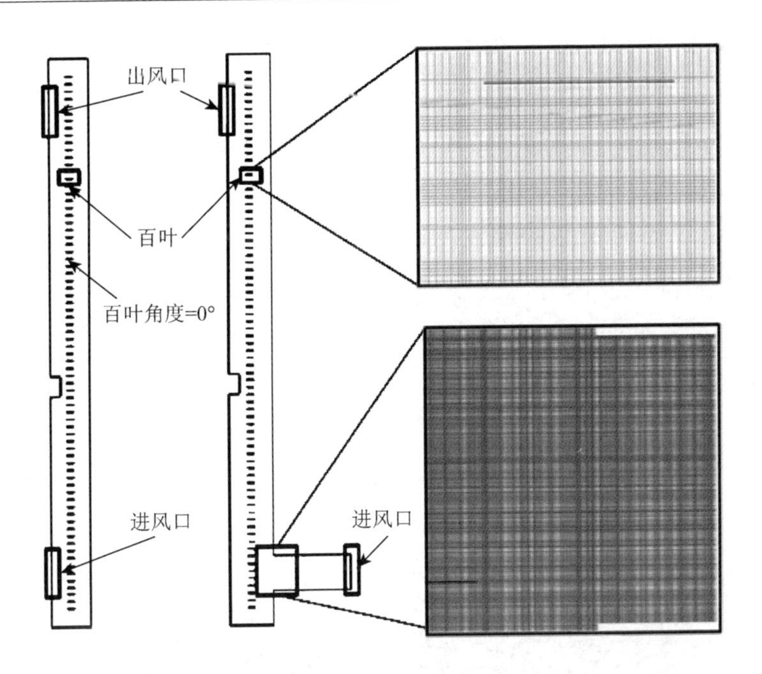

图 3.29 外部循环模式和通风模式的 CFD 模型计算区域

式中，$(\tau_c\alpha)$表示对于直射或漫射辐射的玻璃透过率与百叶帘吸收率乘积；G_{45}表示投射到与水平面呈 45°角平面的太阳总辐射，W/m^2。

百叶型太阳能采暖通风墙的太阳能集热效率定义为空气流道内空气吸收的热量与太阳能辐射强度的比值。需要说明的是，太阳能采暖通风墙在强迫对流下集热效率更确切的定义方式应该考虑风机的电耗和通过墙体储存的热量。本节中太阳能集热效率由下式计算：

$$\eta = \frac{Q_{th}}{G \cdot A} \tag{3.46}$$

式中，A 表示太阳能采暖通风墙的有效集热面积，1.7 m^2；Q_{th}表示空气流道内空气吸收的热量，kJ。需要注意的是，Q_{th}可以通过下式计算得到：

$$Q_{th} = m \cdot C_p(T_{out} - T_{in}) \tag{3.47}$$

式中，m 表示流经太阳能采暖通风墙的空气质量流量，kg/s；C_p表示空气的比热容，J/kg·K；T_{out}表示出风口的空气温度，℃；T_{in}表示进风口的空气温度，℃。

采用 S2S 辐射模型来模拟计算区域内的辐射换热。计算中速度-压力耦合关系使用 SIMPLE 算法，对流项使用迎风格式算法。计算时，模型先在未加载 S2S 辐射模型的情况下运行至收敛，之后加载 S2S 辐射模型后继续运行，运行至能量项和其他参数项的残差分别小于 10^{-6} 和 10^{-4} 后收敛。

3.6.1.2 建筑能耗模型的建立

美国能源部开发的开源建筑能耗模拟工具 EnergyPlus 被广泛用于建筑能耗模拟中。因此，采用 EnergyPlus 计算百叶型太阳能采暖通风墙对建筑热环境的影响，并分析其建筑性能。首先在 EnergyPlus 软件中建立如图 3.30 所示建筑模型，建筑朝南。模型中采用的参数如下：

(1)百叶型太阳能采暖通风墙的宽度 1 m，高度 2 m；空气流道深度 0.16 m，上下风口面积 0.048 m^2。

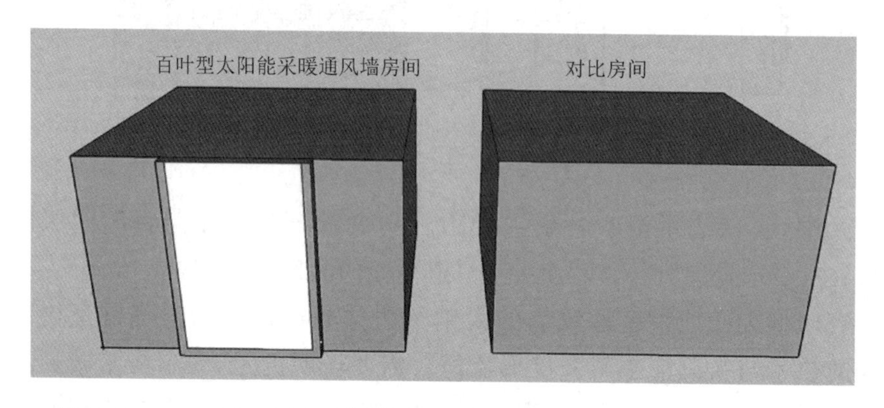

图 3.30 EnergyPlus 中百叶型太阳能采暖通风墙房间和对比房间的建筑模型

(2)空气密度 1.18 kg/m^3；空气热容 1000 J/(kg・K)；空气热传导系数 0.026 W/(m・K)；空气的动力黏度 1.58×10^{-5} m^2/s。

(3)百叶型太阳能采暖通风墙内墙的厚度(红砖结构)240 mm；墙体的热传导系数 0.814 W/(m・K)；墙体热容 840 J/(kg・K)；墙体密度 1800 kg/m^3；无百叶集热墙的对比房间墙体厚度 400 mm。

(4)玻璃的热传导系数 1.4 W/(m・K)；玻璃热容 810 J/(kg・K)；玻璃密度 2515 kg/m^3；玻璃厚度 3 mm；玻璃透过率 0.9；百叶模块高吸收面的吸收率 0.9，高反射面的吸收率 0.15。

(5)百叶型太阳能采暖通风墙系统的集热墙外表面的吸收率 0.9，普通墙体外表面吸收率 0.65。

(6)建筑房间的宽度3.8 m,深度3.9 m,高度2.6 m。

(7)建筑渗透风的渗透率设置为30 m^3/h。

选取了3种建筑类型,办公建筑、住宅建筑和商业建筑,相对应的空调设定温度和空调运行时间见表3.3。

表3.3 不同类型建筑物的空调系统参数设置

建筑类型	温度设置范围/℃	运行时间
商业建筑	23～26	24 h
办公建筑	23～26	8 am—6 pm
住宅建筑	23～26	6 pm—12 am

3.6.1.3 计算流体力学模型与建筑能耗模型的耦合

计算流体力学模型和建筑能耗模型具有3个主要差异:首先,在时间尺度上,计算流体力学模型以秒为单位,建筑能耗模型以小时为单位;其次,在模型上,计算流体力学模型是计算变量的场分布模型,建筑能耗模型是计算参数的空间平均值;最后,在计算速度上,计算流体力学模型需要花费几个小时到几天的时间,建筑能耗模型一般只需要几分钟。因此,由于上述差异的存在,将计算流体力学模型和建筑能耗模型耦合计算仍然具有较大困难。为了弥补这些差异,计算流体力学模型与建筑能耗模型的耦合模拟有几种不同的耦合策略,主要有:一步静态耦合、两步静态耦合、一步动态耦合、准动态耦合、全动态耦合和虚拟动态耦合。为兼顾计算速度和计算精度,本研究采用准动态耦合的方法,也就是在每个耦合的时间步长上,计算流体力学模型和建筑能耗模型只迭代一次然后就进入下一个时间步长。

计算流体力学模型和建筑能耗模型所采用的耦合变量是EnergyPlus模型为Fluent提供建筑围护结构和空气温度以及气象参数等边界条件,Fluent为EnergyPlus模型提供空气腔进出口的空气流量和平均空气温度。耦合平台采用开源的BCVTB软件。

3.6.1.4 模型的验证

模型采用在晴天条件下太阳能采暖通风墙在实验测试平台上测得的实验数据作为边界条件,通过比较模拟结果与实验结果的值来验证模型的准确性。实验测试结果如图 3.31 所示。

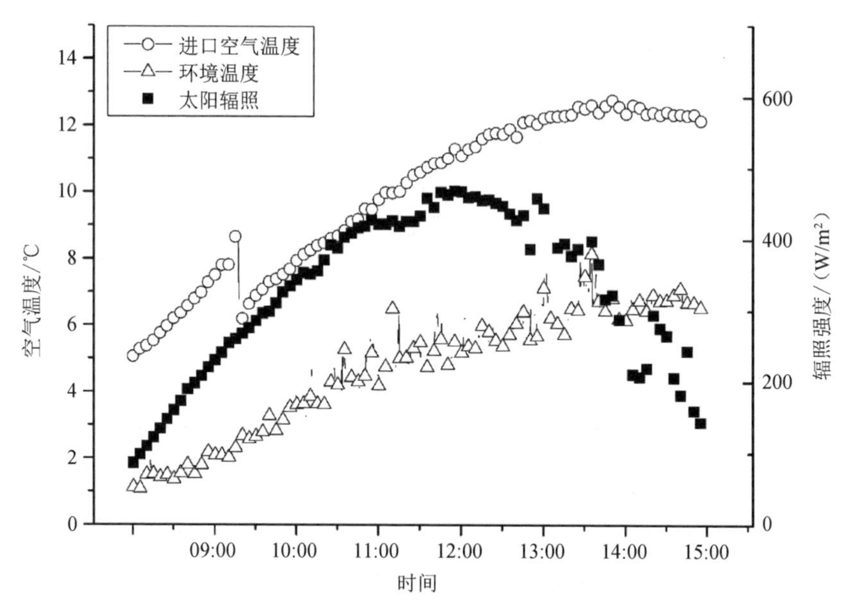

图 3.31 实验测得的边界条件:太阳辐射强度和空气温度

模拟结果和实验结果的 RMSE 采用下式计算:

$$\mathrm{RMSE}=\sqrt{\frac{\sum\left[100\times(X_{\mathrm{exp}}-X_{\mathrm{sim}})/X_{\mathrm{exp}}\right]^{2}}{n}} \tag{3.48}$$

式中,n 表示验证计算的数据点数目;X_{exp}和 X_{sim}分别表示实验值和模拟值。

图 3.32 和图 3.33 提供了出风口空气温度、太阳能集热效率和空气质量流量的模拟与实验数据之间的比较。从图中可以看出,数值模拟结果与实验结果基本吻合,对于每组比较都获得良好的一致性。出风口空气温度、太阳能集热效率和空气质量流量的误差值分别为 0.3%、3.2%和 5.6%。结果表明,该模型可准确计算百叶型太阳能采暖通风墙的运行性能。

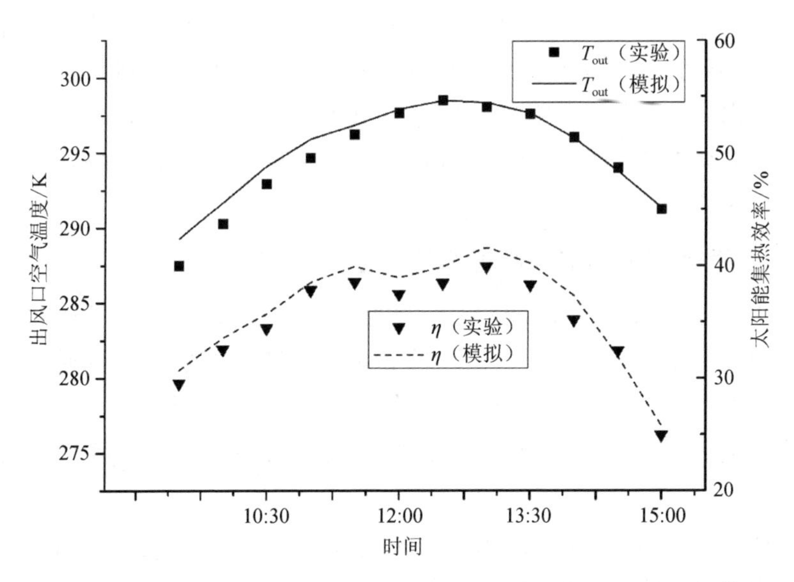

图 3.32 百叶型太阳能采暖通风墙的出风口空气温度和太阳能集热效率

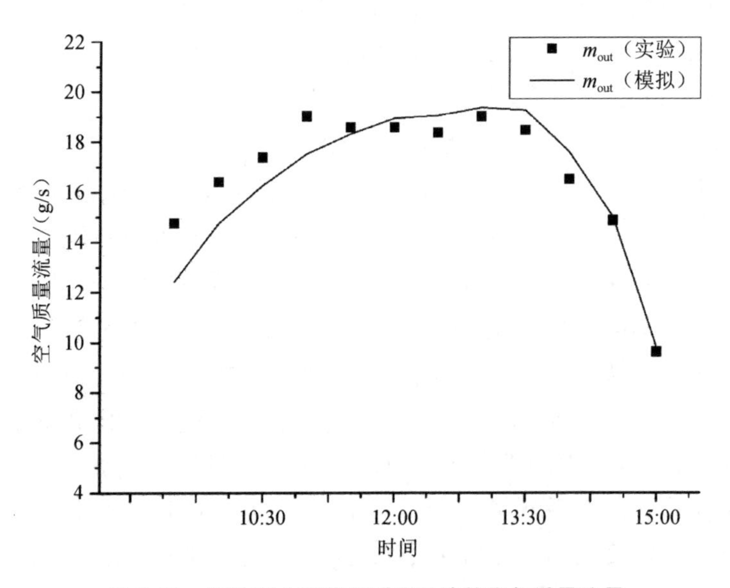

图 3.33 百叶型太阳能采暖通风墙的空气质量流量

3.6.2 夏季模式运行性能

为了评估百叶型太阳能采暖通风墙夏季运行模式下的建筑能耗和自然通风性能，使用已建立的计算流体力学和建筑能耗耦合模型进行了一系列模拟。使用计算流体力学模型评估通风模式和外循环模式下的结构参数(如太阳辐射、百叶角度、百叶在空腔中的位置、入口通风口面积和出口通风口面积)对百叶型太阳能采暖通风墙的空气温度和通风性能的影响。使用建筑能耗耦合模型比较百叶型太阳能采暖通风墙和普通砖墙对同一建筑物制冷能耗的影响。

3.6.2.1 百叶型太阳能采暖通风墙的空气温度

在外部循环模式下,百叶型太阳能采暖通风墙在室外进风口和室外排风口均打开的情况下运行。百叶帘和内墙吸收的太阳辐射加热空腔中的空气,驱动空气流动。同时百叶帘为采暖通风墙提供了遮阳效果,并且通过空腔的空气流也有助于将内墙的热量带走,从而降低了建筑冷负荷。

计算流体力学模拟条件为太阳辐射在 200 W/m^2 至 800 W/m^2 的范围内变化,同时保持其他参数不变(环境空气温度为 32 ℃,室外风速为 2 m/s,室内空气温度为 20 ℃),结果如图 3.34(a)所示。结果显示太阳辐射对出风口空气温度和空气质量流量都有显著影响。随着太阳辐射的增加,出风口空气温度(从 306.55 K 到 315.35 K)和空气质量流量(从 0.0472 kg/s 到 0.0485 kg/s)也随之增加。百叶位置、百叶角度和通风口面积的变化对出风口空气温度和空气质量流量也会有影响,结果如图 3.34(b)~(e)所示。结果发现,随着百叶和内墙之间的间距从 4 cm 增加到 8 cm,空气质量流量随之降低(从 0.057 kg/s 到 0.055 kg/s)。同时,出风口空气温度随间距的加宽略有升高(从 310.55 K 升高到 311.15 K)。原因在于百叶和内墙之间的较大间隙会导致更多的热量散失到周围环境,从而降低空气流动的热驱动力,进而降低空气质量流量。值得注意的是,在冬季采暖模式下,随着间隙尺寸的增加,空气质量流量增加而出风口空气温度下降的趋势与夏季模式相反。从图 3.34(c)中可以看出,百叶角度的增加会导致空气质量流量的增加(从 0.0409 kg/s 到 0.058 kg/s)和出风口空气温度的下降(从 312.65 K 到 310.45 K)。图 3.34(d)和(e)表明,较大的通风口面积会产生较高的空气流速,因此出风口空气温度降低。同时,出风口面积对太阳能采暖通风墙内空气流速的影响大于进风口面积的影响。

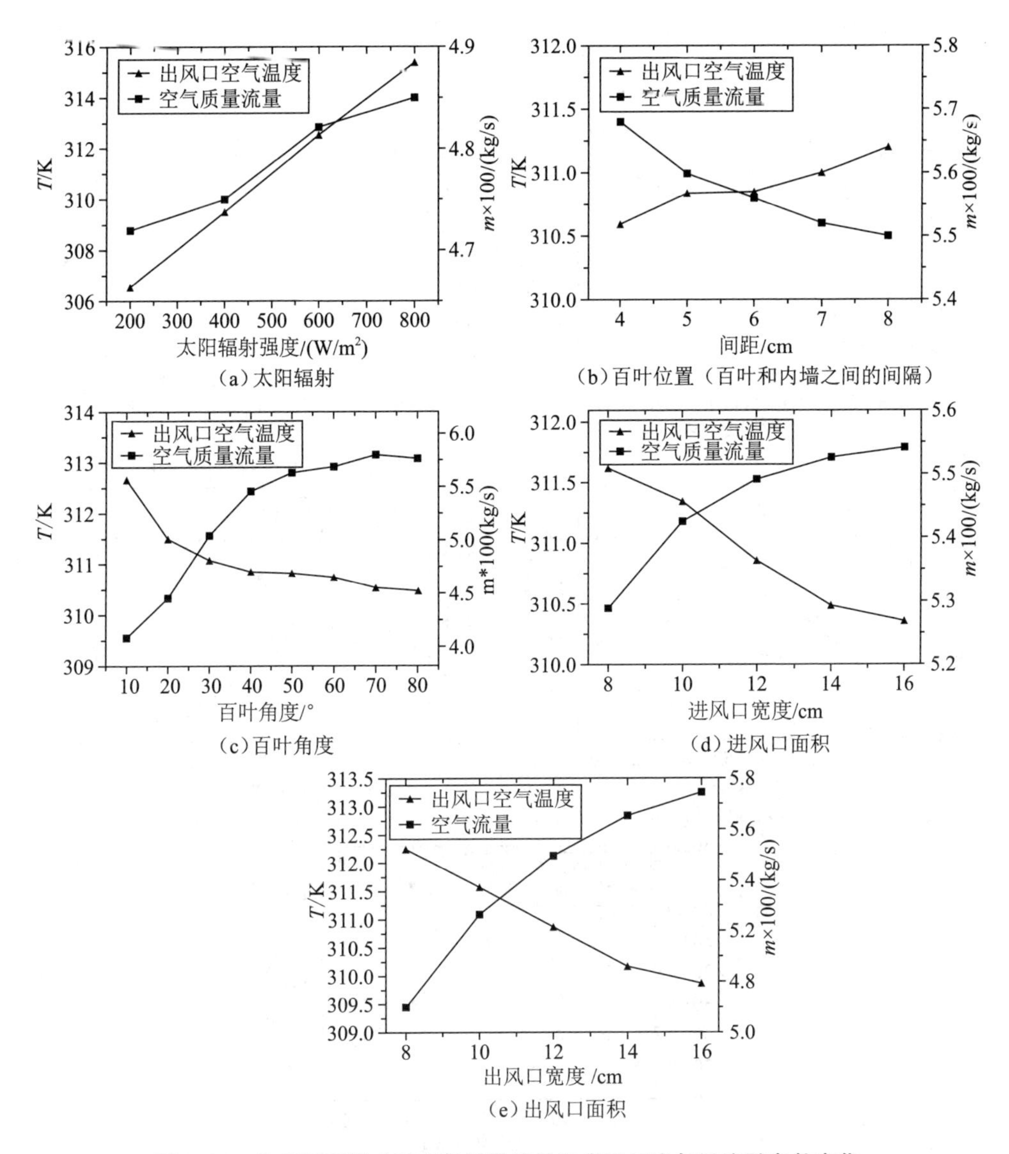

(a) 太阳辐射

(b) 百叶位置（百叶和内墙之间的间隔）

(c) 百叶角度

(d) 进风口面积

(e) 出风口面积

图 3.34　外部循环模式下空气质量流量和出风口空气温度随参数变化

3.6.2.2　百叶型太阳能采暖通风墙的自然通风效果

在通风模式下，百叶型太阳能采暖通风墙的室内进风口和室外出风口打开，室内空气通过室内进风口进入空气腔，并通过室外出风口排到室外。随着空气的排出，室外的新鲜空气将进入室内，从而促进自然通风。图3.35(a)～(e)展示了模拟结果，边界条件设定为环境空气温度 32 ℃、风速

2 m/s 和室内空气温度 20 ℃，研究的变量为太阳辐射、百叶位置、百叶角度和通风口面积。

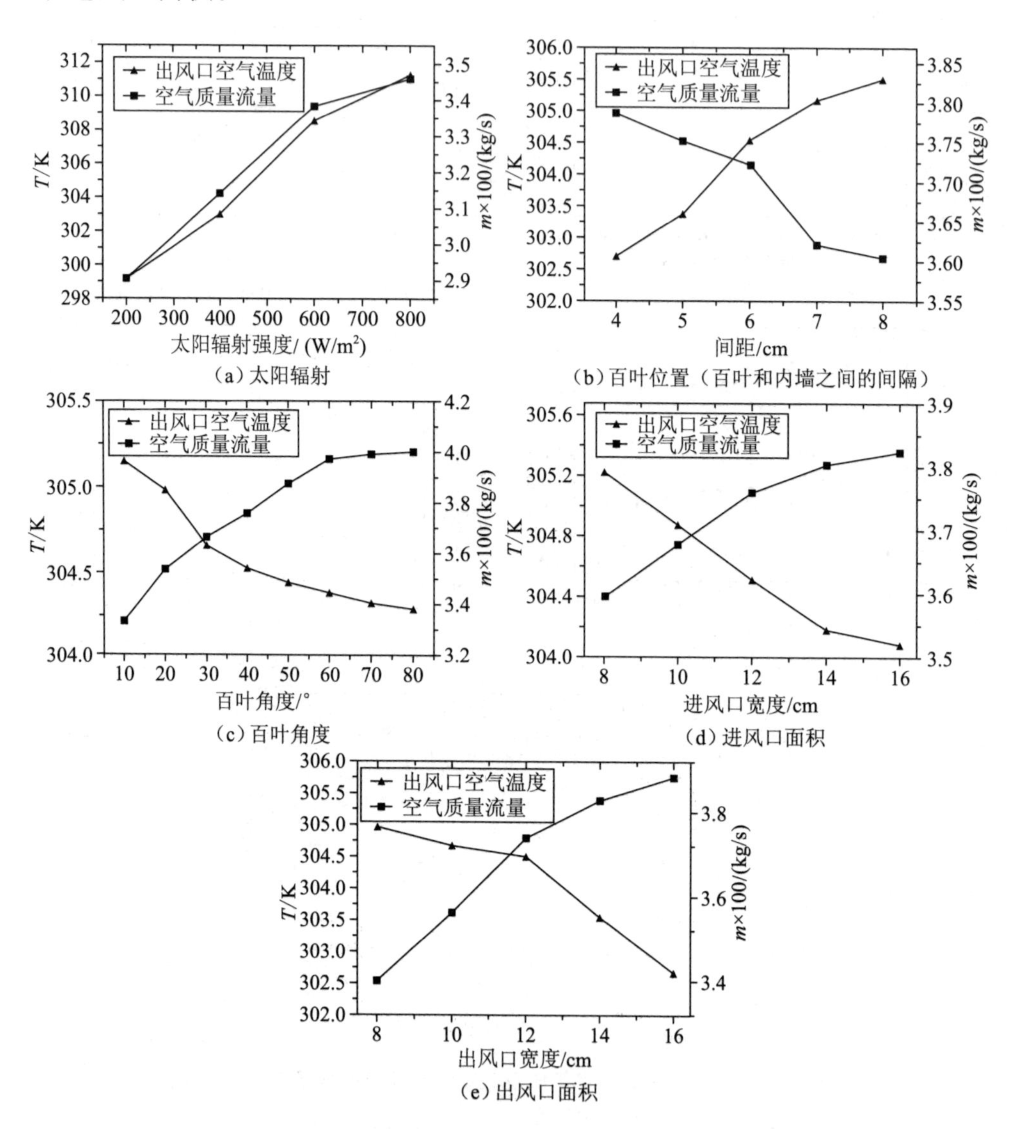

(a) 太阳辐射

(b) 百叶位置（百叶和内墙之间的间隔）

(c) 百叶角度

(d) 进风口面积

(e) 出风口面积

图 3.35 通风模式下空气质量流量和出风口空气温度随参数变化

如图 3.35(a)所示，增加太阳辐射(从 200 W/m^{2}到 800 W/m^2)会导致出风口空气温度(从 299.15 K 到 311.25 K)和空气质量流量(从 0.029 kg/s 到 0.035 kg/s)略微增加。从图 3.35(b)可以看出，增加百叶和内墙之间的间隙尺寸会导致空气质量流量降低(从 0.038 kg/s 到 0.036 kg/s)并导致出风口空气温度升高(从302.65 K至305.45 K)。图3.35(c)显示,空气质量流量随百叶角度增加(从10°至80°)而增加(从0.033 kg/s至0.040 kg/s),而出风口空气温度随百叶角度增加而降低(从305.15 K至304.05 K)。这种趋势也不同于冬季模式下的结果,后者的百叶角度越大,太阳能集热效率就越低。图3.35(d)和(e)表明,较大的进风口和出风口面积将导致较高的空气质量流量和较低的出风口空气温度。出风口面积对百叶型太阳能采暖通风墙的自然通风性能的影响比进风口面积大,这在外部循环模式下也是类似的结果。

3.6.2.3 百叶型太阳能采暖通风墙的建筑能耗性能

本节通过与传统砖墙和传统太阳能采暖通风墙进行比较,分析了百叶型太阳能采暖通风墙对3种不同类型建筑(商业建筑、办公建筑和住宅建筑)建筑能耗的影响。图3.36～3.38显示了在通风模式和外部循环模式下,分别针对商业建筑、办公建筑和住宅建筑,比较分析了百叶型太阳能采暖通风墙、传统太阳能采暖通风墙和传统砖墙的夏季制冷能耗。

1. 商业建筑

图3.36显示了在通风和外循环模式下,商业建筑中百叶型太阳能采暖通风墙、传统太阳能采暖通风墙和传统砖墙的制冷能耗。从图中可以看出,在通风和外循环模式下,从5月到11月的制冷期内,传统太阳能采暖

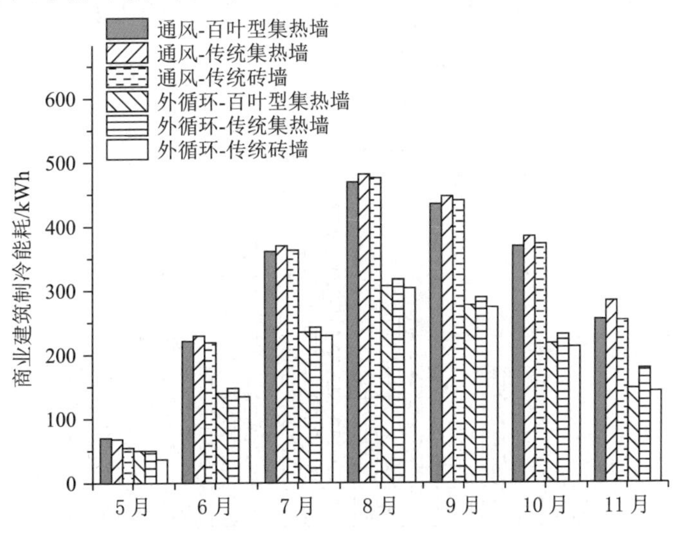

图3.36 通风模式和外循环模式下商业建筑的制冷能耗

通风墙的建筑制冷能耗始终高于传统砖墙的建筑。在5月至11月的制冷季,外部循环模式下百叶型太阳能采暖通风墙的建筑制冷能耗也高于传统砖墙的建筑。在通风模式下,7月到10月之间,百叶型太阳能采暖通风墙的建筑制冷能耗要比传统砖墙少,而在5月、6月和11月则要高一些。在通风模式和外循环模式下,百叶型太阳能采暖通风墙在整个制冷季节的建筑制冷能耗分别比传统砖墙建筑高0.13%和3.08%。

百叶型太阳能采暖通风墙和不带百叶的太阳能采暖通风墙的建筑制冷能耗比传统砖墙建筑分别增加了3.92%和8.92%。比较百叶型太阳能采暖通风墙和不带百叶的太阳能采暖通风墙的制冷能耗,除了通风模式,百叶型太阳能采暖通风墙的建筑能耗要低于不带百叶的太阳能采暖通风墙的建筑能耗。在通风模式和外循环模式下,商业建筑中百叶型太阳能采暖通风墙的制冷能耗比传统太阳能采暖通风墙的建筑制冷能耗分别降低了3.78%和5.67%。

2. 办公建筑

图3.37显示了5月至11月办公建筑中百叶型太阳能采暖通风墙、传统太阳能采暖通风墙和传统砖墙的每月制冷能耗的结果。从图中可以看出,太阳能采暖通风墙在通风模式和外循环模式下的建筑制冷能耗分别比采用传统砖墙高3.53%和9.09%,而百叶型太阳能采暖通风墙的建筑制冷能耗分别比传统砖墙高出1.05%和3.87%。与商业建筑的结果相同,

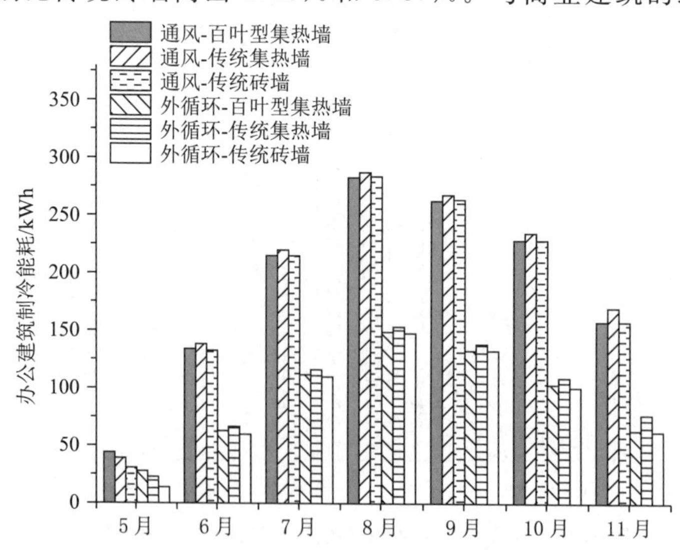

图3.37 通风模式和外循环模式下办公建筑的制冷能耗

在通风模式和外循环模式下，从 5 月到 11 月的制冷期内，办公建筑中传统太阳能采暖通风墙的建筑制冷能耗始终高于传统砖墙的建筑制冷能耗。在 5 月至 11 月的整个制冷季节，在外循环模式下，百叶型太阳能采暖通风墙和传统太阳能采暖通风墙的制冷能耗也均高于传统砖墙的建筑制冷能耗。无论是在通风模式还是在外循环模式下，百叶型太阳能采暖通风墙的建筑制冷能耗均低于传统太阳能采暖通风墙的建筑制冷能耗(5 月除外)。在通风模式下，百叶型太阳能采暖通风墙 8 月和 9 月的建筑制冷能耗比传统砖墙的建筑制冷能耗更低，而在其他月份则更高，这与商业建筑的结果不同。在通风模式和外循环模式下，办公建筑中百叶型太阳能采暖通风墙比传统太阳能采暖通风墙分别可节省 2.45％和 5.03％的建筑制冷能耗。

3. 住宅建筑

图 3.38 显示了在通风和外循环模式下，带有不同类型墙体的住宅整个制冷季节的制冷能耗。从图中可以发现，在 5 月至 11 月的空调季节期间，在通风和外循环模式下，百叶型太阳能采暖通风墙和传统太阳能采暖通风墙的建筑制冷能耗均高于传统砖墙的建筑制冷能耗。传统太阳能采暖通风墙的建筑制冷能耗在通风模式和外循环模式下比传统砖墙的建筑制冷能耗分别高 6.17％和 10.00％，而百叶型太阳能采暖通风墙的建筑制冷能耗在两种模式下分别比传统砖墙高 1.51％和 3.97％。比较带有和不

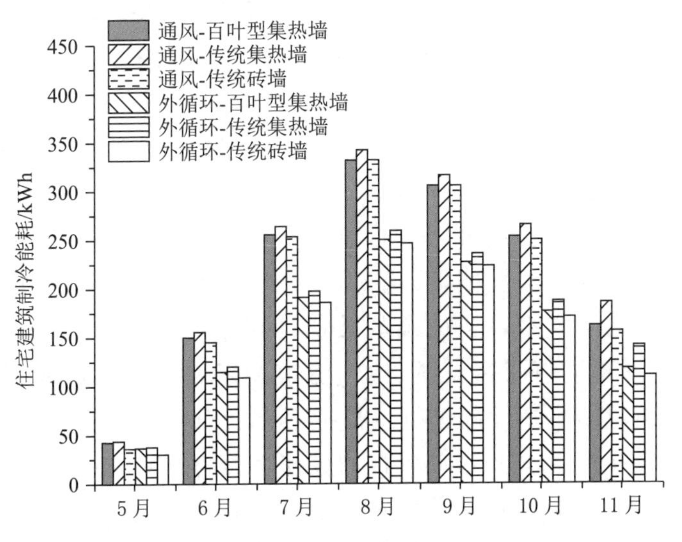

图 3.38 通风模式和外循环模式下住宅建筑的制冷能耗

带有百叶的太阳能采暖通风墙的建筑制冷能耗，无论是在通风模式和外循环模式下，带有百叶帘的太阳能采暖通风墙的建筑能耗都低于传统的太阳能采暖通风墙的能耗。在通风模式和外循环模式下，百叶型太阳能采暖通风墙的住宅建筑分别比传统太阳能采暖通风墙节能 4.59%和 5.80%。

3.7 本章小结

本章对一种将特制的百叶帘与传统太阳能采暖通风墙相结合的百叶型太阳能采暖通风墙的太阳能光热利用新技术进行研究，建立了百叶型太阳能采暖通风墙的二维、三维计算流体力学模型和建筑热工能耗模型，对其采暖性能、流动传热特性和夏季运行性能进行了模拟分析，主要包括以下方面：

(1)将百叶集热技术与传统太阳能采暖通风墙相结合，将百叶帘悬挂在空气流道中间，百叶帘叶片的角度可以根据室内需要和气候条件的不同翻转。百叶叶片的两面分别涂有高吸收率涂层和高反射率涂层，当调整百叶帘角度使得涂有高吸收率涂层的面与此时的太阳光线方向接近垂直，可以使叶片最大程度吸收太阳辐射，使空气夹层内空气快速升温；当调整百叶帘角度使得百叶帘与此时的太阳光线方向接近平行，可以使太阳辐射大部分透过百叶帘投射到集热墙内墙上，使太阳辐射能积蓄在内墙上又减缓了空气夹层内空气的温升速度；当调整百叶帘角度使得高反射率涂层的面朝外，可以使太阳辐射大部分反射到环境中。与传统太阳能采暖通风墙相比，百叶型太阳能采暖通风墙可以最大程度提高太阳能的利用率，具有更高的室内舒适度。

(2)建立百叶型太阳能采暖通风墙的三维计算流体力学模型，研究了集热墙冬季运行的采暖性能，并通过相应的实验进行验证。研究发现，采用的计算流体力学模型具备较高的数值计算精度。以三维计算流体力学模型为基础，对不同百叶帘位置、空气流道宽度和进出风口面积下百叶型太阳能采暖通风墙集热性能进行了模拟研究。研究结果表明，对于 0.14 m 宽的空气流道，百叶帘与外玻璃盖板的最佳距离为0.09 m；空气流道宽度取 0.14 m 较为合适，宽度继续增加对集热效率的影响较弱；对于 2.00 m×1.00 m(高×宽)的百叶型太阳能采暖通风墙，进出风口的最佳面积尺寸为 0.6 m×0.1 m(宽×高)。

(3)建立百叶型太阳能采暖通风墙的二维计算流体力学模型,研究了冬季集热墙在风机驱动条件下全天运行的采暖性能,并通过相应的实验进行验证。研究结果显示,根据二维计算流体力学模型所得出的数值模拟结果与实验测试结果基本吻合。以此为基础对百叶型太阳能采暖通风墙在不同百叶帘角度下的集热效率进行模拟,结果表明较低的百叶与水平面夹角角度有利于百叶帘与空气的换热。同时基于模拟结果,拟合得到了雷诺数的范围为 4173～16693 时,百叶帘不同角度下空气与百叶帘的对流换热关系式和流动阻力关系式,该结果为深入研究百叶型太阳能采暖通风墙的动态运行特性奠定了一定的理论基础。

(4)建立百叶型太阳能采暖通风墙的计算流体力学与建筑能耗耦合模型,研究夏季模式下百叶型太阳能采暖通风墙的运行性能。首先对百叶型太阳能采暖通风墙的通风性能与其运行参数(太阳辐射、百叶角度、百叶在空腔中的位置、进风口面积和出风口面积)之间的关系进行研究。以此为基础,对亚热带地区气候条件下,百叶型太阳能采暖通风墙在商业建筑、办公建筑和住宅建筑中的建筑性能进行了研究。研究结果显示,百叶型太阳能采暖通风墙可以有效防止墙体过热,同时保留太阳能采暖通风墙作为太阳能烟囱促进自然通风的功能。在通风模式下,商业建筑、办公建筑和住宅建筑中百叶型太阳能采暖通风墙比传统太阳能采暖通风墙分别可节能 3.8%、2.5%和 4.69%。在外循环模式下,商业建筑、办公建筑和住宅建筑中百叶型太阳能采暖通风墙比传统太阳能采暖通风墙分别可节能 5.7%、5.5%和 5.8%。

第4章　瓦型太阳能热水-采暖双效系统

为提高太阳能集热器在建筑上的使用面积，在南向坡屋顶安装太阳能集热器，使集热器的倾角与屋顶坡度一致，或者建筑的平屋面上采用支架安装太阳能集热器，是太阳能光热利用系统与屋面一体化应用的常见形式。在屋顶安装太阳能双效集热器，采暖季为建筑提供采暖供热，非采暖季为建筑提供生活热水，可以大大提高太阳能的全年利用率及经济性。为了改善在南向坡屋顶安装太阳能双效集热器的建筑外观效果，丰富屋顶的表现形式，本章在太阳能双效集热器的基础上，提出了瓦型太阳能双效集热器。

4.1　瓦型太阳能热水-采暖双效集热器的工作原理

瓦型太阳能双效集热器的结构如图4.1所示，集热器的两侧和底部均采用玻璃纤维棉隔热保温，表面覆盖有高透过率钢化玻璃盖板，在玻璃盖板上等距覆盖弧形盖瓦，集热器内部安装有表面镀有选择性吸收涂层的吸热板，吸热板下表面焊接了集热水铜管，并在集热水铜管上嵌挂了Ω形肋片。吸热板将集热器内的空气流道分成上、下两部分，上、下部分之间不存在空气的相互渗透，集热器设计为单空气流道，用于采暖的空气仅流经下空气流道并被加热。集热器运行在集热空气模式时，空气在热虹吸或风机抽吸的作用下由集热器下端的进风口进入，流经集热器下流道被加热为热空气后通过出风口排出；集热器运行在集热水模式时，集热水箱内的水通过集热器进水口流经水流道被加热后又流回水箱。

瓦型太阳能双效集热器的推荐安装方式为采用嵌入式安装在建筑南向坡屋顶，将集热器嵌入屋面保温防水层中的安装方式能实现与屋顶较高的结合程度。同时为达到叠瓦的效果，弧形盖瓦外观上设计有等间距的肋条。图4.2给出了徽派传统建筑中安装瓦型太阳能双效集热器的工程效果。

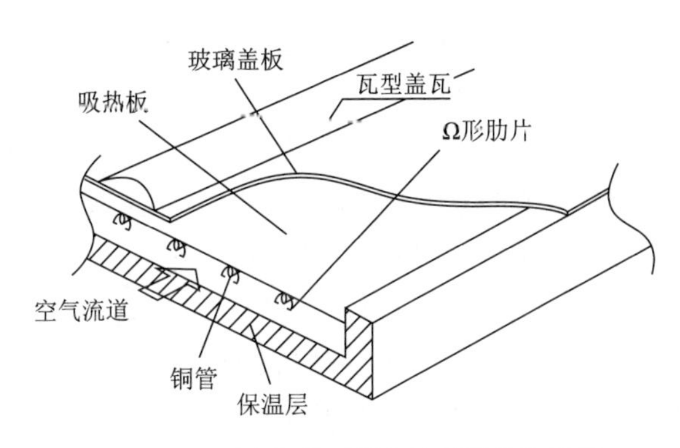

图 4.1　瓦型太阳能双效集热器的结构示意

图 4.2　坡屋顶嵌入安装瓦型太阳能双效集热器工程示例

4.2　瓦型太阳能热水-采暖双效系统的实验研究

4.2.1　实验测试装置

为研究瓦型太阳能双效集热器的集热水性能，搭建了瓦型太阳能双效集热器集热水实验测试平台，如图 4.3 所示。瓦型双效集热器外框长 150 cm、宽 100 cm、高 10 cm，两侧和底部分别采用厚度为 15 mm 的聚氨酯隔热保温，集热模块上表面覆盖 3.2 mm 厚的低铁布纹钢化玻璃，在钢化玻璃上表面加盖亚克力曲面盖瓦。集热器与水平面夹角为 35°，水管的进水管（集管）的内径为 0.022 m，支管的内径为 0.010 m。吸热板长 145 cm、宽 95 cm，吸热板上表面镀有选择性吸收涂层。吸热板将集热器内玻璃盖板与底板之间的空腔隔为上、下两部分，上层为密闭腔体，形成空气层；下层为长 145 cm、宽 95 cm、高 6 cm 的空气流道。吸热板下表面通过激光焊接的方式连接 8 根外直径 10 mm 的铜管，铜管厚 0.5 mm，在铜管上扣有"Ω"形的扣件，加强空气换热效果。集热器的两端与直径 22 mm 的铜管相连，组成集热器的水流道。

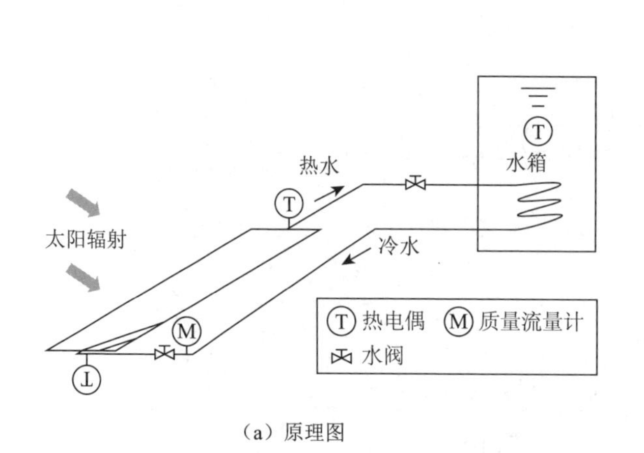

（a）原理图

（b）外观图

图 4.3　瓦型太阳能双效集热器集热水实验平台

双效集热器集热水实验采用封闭的自然循环系统。集热器通过管路与竖直放置的容积 150 L 的水箱（Y-F-0.6-150-Y-2）相连，形成一个封闭的回路。集热水实验开始时，集热器的吸热板吸收太阳辐射并将热量通过导热传给与吸热板背面连接的铜管，铜管中的水吸热升温，并通过热虹吸作用与水箱形成回路发生自然循环，从而实现对系统中水的加热。

本实验采用铜-康铜热电偶分别对环境温度，集热器进、出口水温，吸热板温度，铜管温度，玻璃温度，背板温度进行测量，用 TBQ-2 型日射强度仪测量集热器表面接收到的太阳辐射强度，并采用风速仪测量环境风速。所有数据均由安捷伦采集仪每隔 30 s 采集至电脑中。

4.2.2　集热器热水性能评价方法

热水模式下，集热器的光热利用效率定义为流经集热器的水流带走的热量与投射到集热器表面上的太阳辐射总量的比值：

$$\eta = \frac{Q_{\mathrm{th}}}{I \cdot A} \tag{4.1}$$

式中，A 为集热器的有效吸热面积，m^2；Q_{th} 为水流的有效吸热量，kJ。Q_{th} 可由下式计算得到：

$$Q_{\mathrm{th}} = m \cdot C_p(T_{\mathrm{out}} - T_{\mathrm{in}}) \tag{4.2}$$

式中，m 为流经集热器的水流质量流量，kg/s；C_p 为水的比热容，J/(kg·K)；T_{out} 表示出水口的水温，℃；T_{in} 表示进水口的水温，℃。

4.2.3　有无盖瓦对集热器集热水性能影响实验研究

本节分别对瓦型太阳能双效集热器和平板型太阳能双效集热器的集热水性能进行了实验测试和对比。瓦型太阳能双效集热器和平板型太阳能双效集热器试验期间太阳辐射强度、环境温度和进出口水温分别如图4.4和图4.5所示，测试时间分别为2014年10月7日和2014年7月21日的上午8点10分开始至下午4点结束。对瓦型集热器和平板型集热器进行实验测试时，太阳辐射强度最高分别达到946 W/m²和923 W/m²，环境温度最高分别为25.9 ℃和39.8 ℃，环境温度最低分别为20.0 ℃和33.8 ℃，经过一天的运行后水温温升分别为27.9 ℃和30.4 ℃。

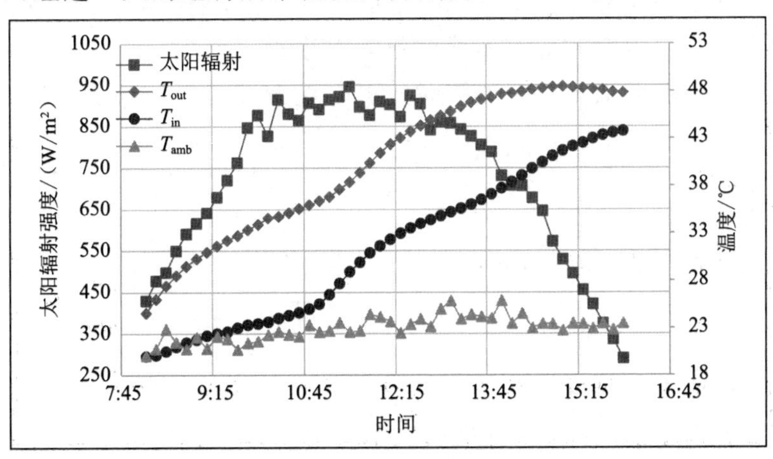

图4.4　瓦型太阳能双效集热器的测试结果

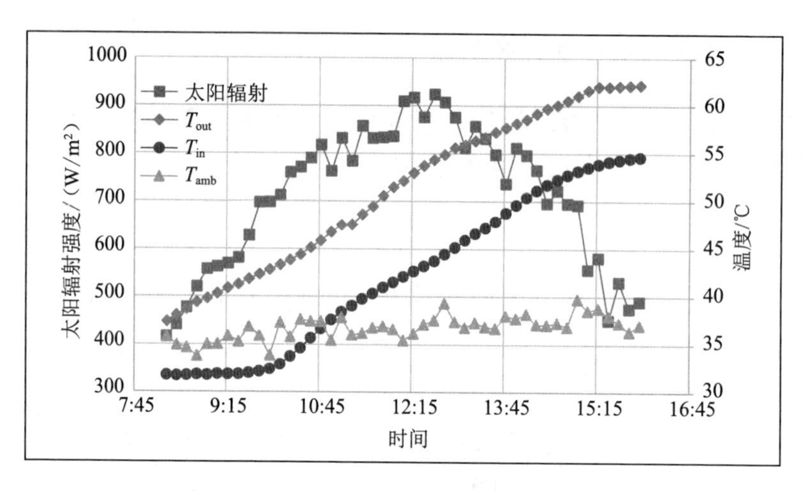

图 4.5　平板型太阳能双效集热器的测试结果

考虑太阳辐射强度、环境温度和工作流体平均温度对集热器太阳能集热效率的影响，定义一个特殊的量$(T_{mean}-T_{amb})/I$来评估集热器的集热水性能。集热器的瞬时效率表达式为

$$\eta=\eta_0+\alpha_0\left(\frac{T_{mean}-T_{amb}}{I}\right) \tag{4.3}$$

在实验数据中取 10 分钟为一个工况的时间间隔，对整个测试数据期间各工况的值求得瞬时效率值，从而得到一系列对应于$(T_{mean}-T_{amb})/I$的值的瞬时效率数据点。最后将数据点标绘在纵坐标为集热效率、横坐标为$(T_{mean}-T_{amb})/I$的直角坐标系上。瓦型太阳能双效集热器和平板型太阳能双效集热器的瞬时效率实验结果如图 4.6 所示，采用最小二乘法对图中的实验数据点求得瞬时效率曲线的数学表达式。

瓦型太阳能双效集热器的瞬时效率方程为

$$\eta=0.6866-7.5325\left(\frac{T_{mean}-T_{amb}}{I}\right) \tag{4.4}$$

相关系数为 −0.9427。

平板型太阳能双效集热器的瞬时效率方程为

$$\eta=0.7311-10.0350\left(\frac{T_{mean}-T_{amb}}{I}\right) \tag{4.5}$$

相关系数为−0.9125。

可以看出，当工作温度较高或太阳辐射强度较弱时，瓦型太阳能双效集热器较平板型太阳能双效集热器具有更高的集热水效率。这是因为瓦

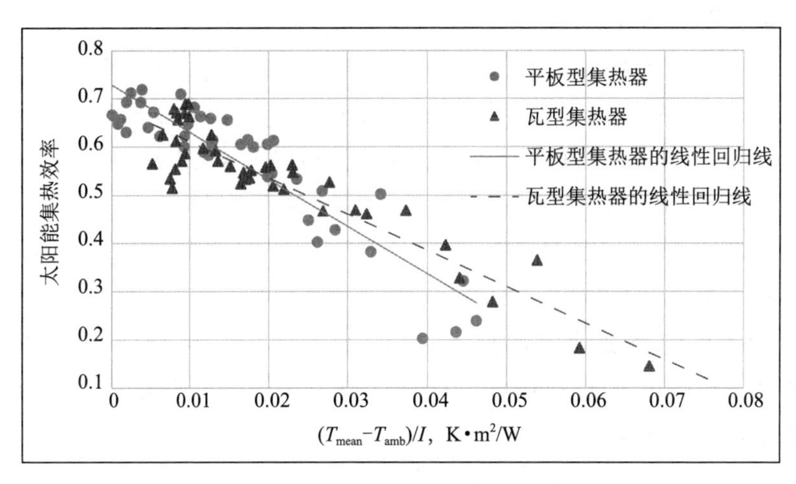

图 4.6　瓦型太阳能双效集热器和平板型太阳能双效集热器的瞬时效率实验结果

型太阳能集热器具有比平板型太阳能集热器更低的热损，有助于减少吸热板与环境空气的传热，使得瓦型集热器在较高工作温度下具有更高的集热效率。而平板型太阳能集热器具有更高的太阳辐射透过率，相比瓦型集热器能够吸收更多的太阳辐射，因此当太阳辐射较大时，平板型太阳能集热器具有更高的效率。然而，从图 4.6 中可以看出，在较低的$(T_{mean}-T_{amb})/I$ 值下，平板型太阳能双效集热器的效率提升并不大，对全年使用的系统，瓦型集热器更具优势。

4.3　瓦型太阳能热水-采暖双效系统的理论研究

4.3.1　关于计算流体力学技术

评价太阳能集热器集热效果的方法主要有实际测量计算法、理论分析法、CFD 模拟等方法。其中 CFD 模拟方法因其快速简便、准确有效、成本较低等优点，目前应用广泛。CFD 英文全称为 computational fluid dynamics，国内一直称之为计算流体力学。计算流体力学是利用数值方法通过计算机求解描述流体运动的微分方程，并用图形显示出来，揭示流体运动的物理规律，对包含有流体流动和热传导等相关物理现象的系统进行分析。

计算流体力学可以看作质量守恒方程、动量守恒方程、能量守恒方程这些流动基本方程控制下对流动的数值模拟。通过这种数值模拟，我们可以得到复杂问题的流场内各个位置上诸如速度、压力、温度等基本物理量的分布，以及这些物理量随时间的变化情况；还可以据此算出相关的其他物理量，如旋转式流体机械的转矩、水力损失和效率等。

本节选用 Fluent 软件进行模拟计算，Fluent 通用 CFD 软件包可以用来模拟从不可压缩到高度可压缩范围内的复杂流动。由于采用了多种求解方法和多重网格加速收敛技术，因而 Fluent 能达到最佳的收敛速度和求解精度。Fluent 求解器还可以准确地模拟太阳能集热器的工质流动、传热和集热效率等问题。

4.3.2 瓦型太阳能热水-采暖双效系统理论模型的建立

瓦型双效集热模块具有集热空气和集热水两种工作模式，集热器工作时，太阳辐射穿过玻璃盖板，投射到吸热板表面，吸热板通过导热、对流和辐射向周围环境散失一部分热量后，将实际吸收的太阳辐射传递给流经集热器的水和空气，从而将水和空气加热。计算域内集热工质水和空气在集热器中的流动传热过程是一个复杂的传热、传质过程，理论上可以通过各自的质量方程、动量方程和能量方程所组成的方程组进行计算。具体计算模型如下。

质量守恒方程：

$$\frac{\partial \rho}{\partial t} + \mathrm{div}(\rho \boldsymbol{u}) = 0 \tag{4.6}$$

式中，ρ 为密度；t 为时间；u 为速度矢量；div 为散度。质量守恒方程也称为连续性方程。

动量守恒方程：

$$\frac{\partial(\rho u)}{\partial t} + \mathrm{div}(\rho u \boldsymbol{u}) = \mathrm{div}(\mu \mathrm{grad} u) - \frac{\partial(p)}{\partial t} + S_x \tag{4.7}$$

$$\frac{\partial(\rho v)}{\partial t} + \mathrm{div}(\rho v \boldsymbol{u}) = \mathrm{div}(\mu \mathrm{grad} v) - \frac{\partial(p)}{\partial t} + S_y \tag{4.8}$$

$$\frac{\partial(\rho w)}{\partial t} + \mathrm{div}(\rho w \boldsymbol{u}) = \mathrm{div}(\mu \mathrm{grad} w) - \frac{\partial(p)}{\partial t} + S_z \tag{4.9}$$

式中，p 是作用在流体微元体上的压力；u、v 和 w 是速度矢量分别在 x、y、z 上的分量；S_x、S_y 和 S_z 是动量守恒方程的广义源项，$S_x = F_x + s_x$，

$S_y = F_y + s_y$，$S_z = F_z + s_z$，而 F_x、F_y 和 F_z 是微元体上的体力，通常 s_x、s_y 和 s_z 是相对的二阶小量，对于黏性为常数的不可压流体，$s_x = s_y = s_z = 0$。

能量守恒方程：

$$\frac{\partial(\rho T)}{\partial t} + \mathrm{div}(\rho \boldsymbol{u} T) = \mathrm{div}\left(\frac{k}{c_p}\mathrm{grad}T\right) + S_T \tag{4.10}$$

式中，c_p为比热容；T 为温度；k 为流体的热传导系数；S_T 为流体吸收的热量及由于黏性作用流体机械能转换为热能的部分。

在建模过程中，以瓦型双效集热器为研究对象，根据瓦型双效集热器的结构、尺寸等参数，建立计算模型的计算区域，对计算区域生成网格，局部加密处理，计算网格包括 420 万的六面体网格和 320 万的混合网格，如图 4.7所示。建模中考虑了太阳辐射、吸热板与玻璃盖板之间的对流和辐射换热、吸热板与水管的热传导、水与水管壁之间的对流换热、空气与换热翅片之间的对流换热等换热作用。

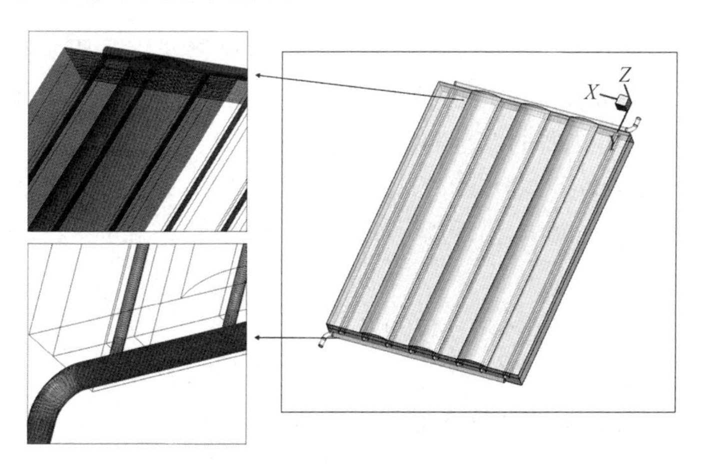

图 4.7 瓦型太阳能双效集热器的计算模型

边界条件的设置主要考虑以下几个方面：

(1)玻璃盖板上表面的热损失包括玻璃盖板与周围空气的对流换热以及与天空之间的辐射换热。玻璃盖板的综合换热系数计算如下：

$$h_t = 5.7 + 3.8V \tag{4.11}$$

式中，h_t为综合换热系数，$\mathrm{W/(m^2 \cdot K)}$；V 为风速，m/s。

(2)太阳光束方向考虑测试时间点、测试地区经纬度等因素，根据实验所测的太阳辐射强度，加载到计算模型中。

(3)集热器玻璃盖板定义为半透明壁面,对太阳辐射的透过率为92%,吸热板上表面定义为不透明壁面,对太阳辐射的吸收率为95%,热辐射的发射率为5%。

(4)集热器水流进口设置为速度入口边界条件,水流出口设置为压力出口。

(5)假设集热器底部与侧壁面不参与太阳辐射及热辐射换热作用,即底部与侧壁面对太阳辐射的吸收率为0,热辐射的发射率也为0。集热器底部壁面与侧壁面设置为对流边界条件,对流换热系数计算如下:

$$h_b = 2.8 + 3.0V \tag{4.12}$$

式中,h_b为对流换热系数,W/($m^2 \cdot K$);V为风速,m/s。

(6)其余内部界面均采用耦合边界条件。

采用有限容积法对控制方程进行离散,压力差值方案选择Body Force Weighted格式;压力-速度耦合方程采用SIMPLE算法;动量、能量、湍流方程选择二阶迎风格式,辐射方程选择一阶迎风格式。由于集热器的雷诺数小于2150,流动模拟采用层流模型。水和空气的密度采用如下方程计算,CFD模型中集热器的其他材料参数见表4.1。

$$\rho_{air} = 8.147 - 0.0682T + 2.688 \times 10^{-4} T^2 - 5.387 \times 10^{-7} T^3 + 5.299 \times 10^{-10} T^4 - 2.0282 \times 10^{-13} T^5 \tag{4.13}$$

$$\rho_{water} = 197.105 + 7.14299T - 0.0200628T^2 + 1.711949787 \times 10^{-5} T^3 \tag{4.14}$$

集热器的太阳能集热效率通过以下方程计算:

$$\eta = \frac{Q_{th}}{I \cdot A} \tag{4.15}$$

式中,A为集热器有效集热面积,1.378 m^2;Q_{th}为水吸收的热量,kJ。Q_{th}通过以下方程计算得到:

$$Q_{th} = m \cdot C_p (T_{out} - T_{in}) \tag{4.16}$$

式中,m为流过集热器的水流质量流量,kg/s;C_p为水的比热容,J/(kg·K);T_{out}为水流出口温度,℃;T_{in}为水流进口温度,℃。

表 4.1 CFD 模型中的材料参数

材料	密度 /$kg \cdot m^{-3}$	热导率/($W/m \cdot K^{-1}$)	比热容/($J/kg \cdot K^{-1}$)
空气	方程 (4.13)	0.0263	1007
水	方程 (4.14)	0.606	4181
玻璃	2600	1.05	840
铝	2770	177	875
铜	8800	401	420
保温层	72	0.039	1

4.3.3 模型结果与实验验证

通过建立的数学模型可模拟集热器在固定气象条件、运行工况和结构参数下的稳态热性能。瓦型太阳能双效集热器热水模式下实验测得的太阳辐射强度、进出口水温如图 4.4 所示。为验证计算模型的准确性，计算结果将与实验结果进行对比。稳态模型的计算采用一段时间内的实验平均值作为边界条件（8:55—9:05，11:45—11:55，14:45—14:55），见表 4.2。

计算结果与实验结果的相对误差通过以下方程计算：

$$RE = \left| \frac{X_{exp} - X_{sim}}{X_{exp}} \right| \times 100\% \tag{4.17}$$

式中，X_{exp} 和 X_{sim} 分别为实验值和计算值。

表 4.2 模型验证中采用的测试平均值

边界条件	平均环境温度/℃	太阳辐射/(W/m^2)	平均水流入口温度/℃	平均水流入口流速/(m/s)
8:55—9:05 (阶段 1)	22.0	616	21.3	0.037
11:45—11:55 (阶段 2)	24.4	877	30.9	0.050
14:45—14:55 (阶段 3)	23.4	572	41.1	0.032

表 4.3 列出了出口水温和太阳能集热效率的理论计算结果与实验结果之间的对比，两者之间显示出高度一致，水流出口温度的最大相对误差为 1.06%，太阳能集热效率的最大误差为 5.34%。

表 4.3　计算结果与实验数据对比

阶　段	CFD 出口水温/℃	实验出口水温/℃	水温的相对误差/%	CFD 热效率/%	实验热效率/%	热效率的相对误差/%
阶段 1	30.6	30.3	1.06	64.6	62.4	3.53
阶段 2	40.6	40.4	0.50	63.8	62.5	2.08
阶段 3	48.8	48.4	0.78	49.2	46.8	5.34

水管中 11:45—11:55 这段时间的水温云图如图 4.8(a)所示，可以看出集热器上方的水温高于集热器下方的水温。这是因为水流进口在集热器下方，随着水在水管内流通，水会吸收来自吸热板的热量。从图中还能看出在宽度方向上(X 方向)，温度呈现 V 形分布，中间水管的水温高于两边的水管水温。图 4.8(b)显示了水管中水流速度云图，可以看出水流在每个支管中能够平均分配。为使得每根支管中水温也能够平均分配，集热器两边的水管间距应该大于中间部分的水管间距，而不是平均分布。

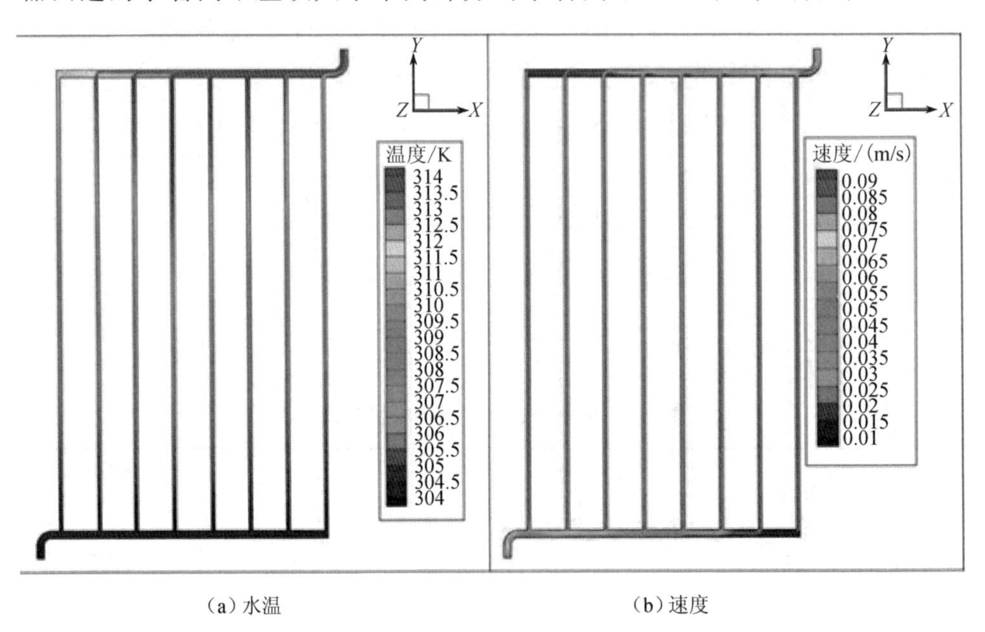

(a) 水温　　(b) 速度

图 4.8　集热器水管中水流云图

4.3.4　集热器运行特性分析

集热器的性能受水流入口水温、流速和外界参数，包括太阳辐射强度、环境温度的影响。模拟计算得到的结果如图 4.9～图 4.12 所示。

图 4.9 给出了不同的水流入口水温对集热器性能的影响。从图中可以看出，集热器的太阳能集热效率随入口水温的提高而降低，这主要是由于入口水温的提高导致吸热板温度的提高，从而导致集热器与外界环境热损的增加。

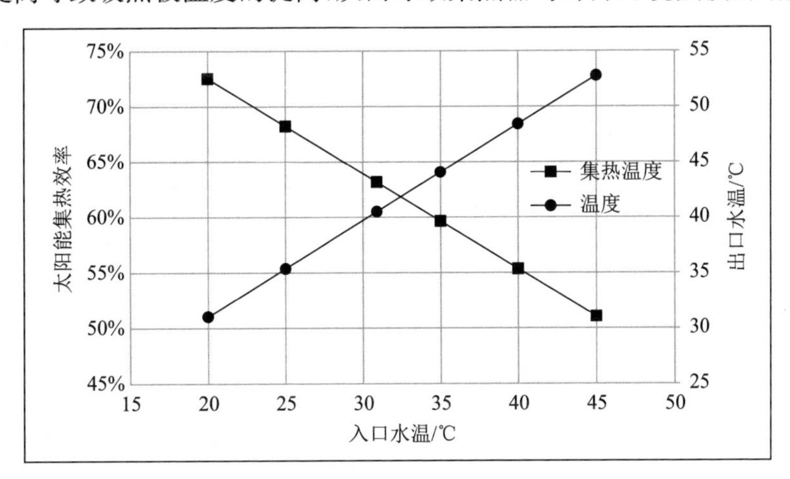

图 4.9　水流入口水温对集热器性能的影响

图 4.10 给出了不同的水流入口流速对集热器性能的影响。从图中可以看出，集热器的太阳能集热效率随着入口流速的增加而增加，出口水温随着入口流速的增加而降低。这是因为水流流速的提高增强了换热并降低了吸热板的表面温度，从而导致了热损的减小和集热效率的提高。在实际应用中，入口流速需要根据入口水温和需求温度来确定。

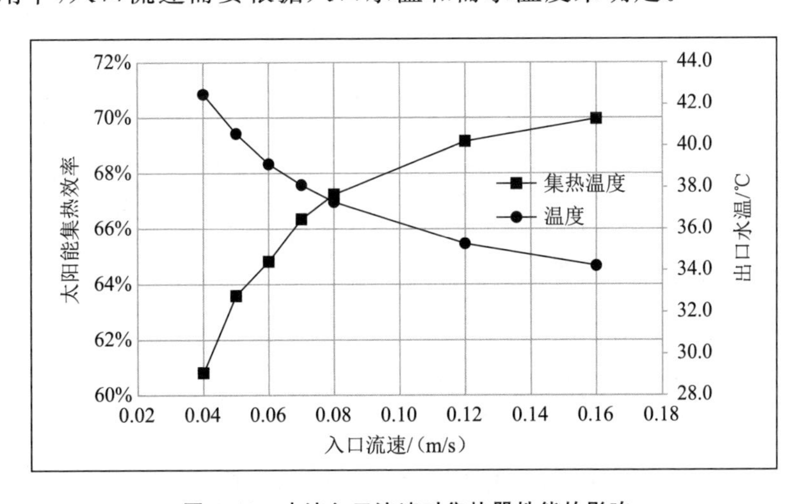

图 4.10　水流入口流速对集热器性能的影响

图 4.11 给出了不同的太阳辐射强度对集热器性能的影响。从图中可以看出,集热器的太阳能集热效率和出口水温随着辐射强度的增加而增加。这是因为辐射强度的提高增强了太阳能传热和得热,提高了太阳能热转换的能量输出,从而促使出口水温和集热效率的增加。

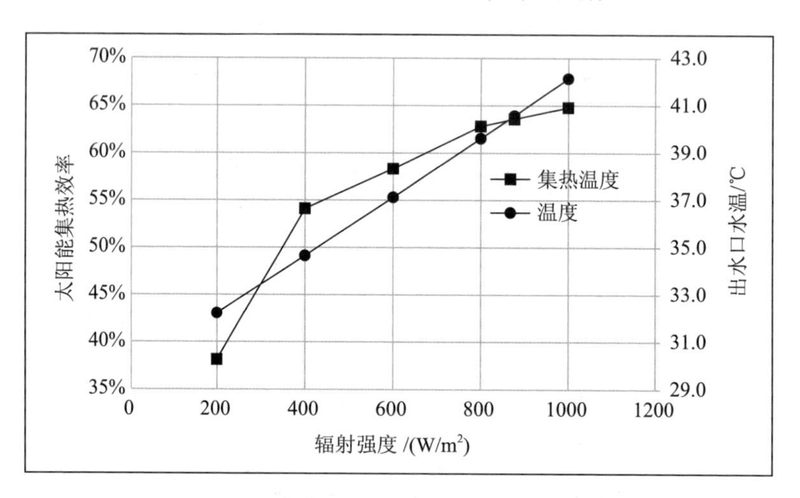

图 4.11 太阳辐射强度对集热器性能的影响

图 4.12 给出了不同的环境温度对集热器性能的影响。从图中可以看出,集热器的太阳能集热效率和出口水温随着环境温度的提高呈线性增长。这是因为环境温度的提高减少了集热器的热损,从而促使集热效率的提高。从图中还可以看出,当环境温度远高于水管中的水温时,集热器不

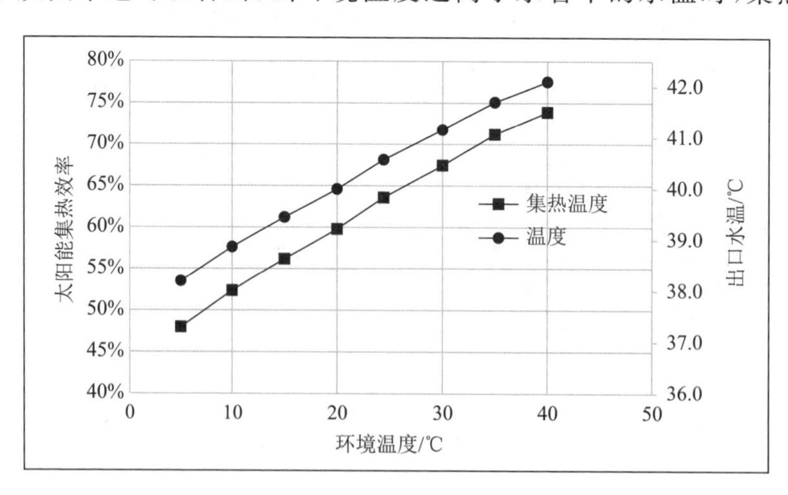

图 4.12 环境温度对集热器性能的影响

仅吸收了太阳能，同时还吸收了来自环境空气的能量。在集热水模式下，集热器是否吸收来自环境空气的能量取决于集热器表面与环境空气的温差。需要指出的是，在双效集热模式下，集热器是否吸收来自环境空气的能量取决于吸热板表面与环境空气的温差，即当辐射强度很强时，在双效集热模式下水和空气将被同时加热；当辐射强度很小或没有时，较高的环境空气温度能够直接加热空气。

4.4　绿色建筑综合应用太阳能系统的采暖性能

为研究在绿色建筑中综合应用壁挂式太阳能环路热管-热泵热水系统、百叶型太阳能采暖通风墙和瓦型太阳能热水-采暖双效系统的节能效果，本节在一栋如图 4.13 所示的民居中集成安装上述 3 种太阳能光热利用新技术。建筑屋顶形式为斜屋面，建筑主体结构为砖混结构。建筑南面为玻璃门落地窗，提供了壁挂式太阳能环路热管-热泵热水系统集热器的一体化安装场地，为建筑提供生活热水。建筑一楼的东、西墙设计安装了百叶型太阳能采暖通风墙，为一楼房间提供冬季辅助供暖或促进夏季及过渡季节自然通风。建筑二楼的斜屋面设计安装了瓦型太阳能热水-采暖双效系统，为二楼房间提供冬季采暖或生活热水。

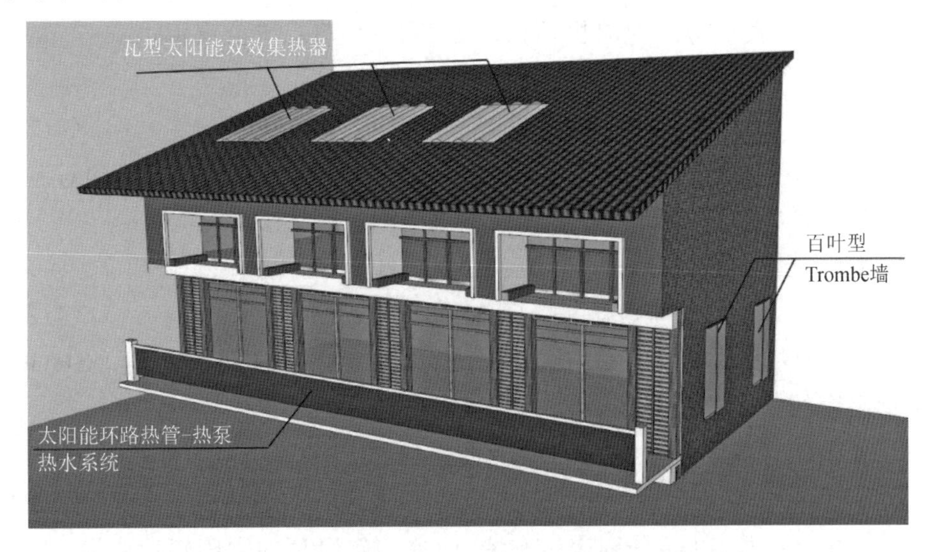

图 4.13　集成安装 3 种太阳能光热利用新技术的建筑

4.4.1 建筑热过程计算模型

本节构建了一个理想的建筑传热模型，建立相应的热平衡方程，采用典型气象年数据，对建筑冬季室内的采暖能耗进行模拟计算。

建筑的热作用过程可以分为白天和夜晚两种模式。白天，建筑的热过程主要包括太阳直接照射到室内的得热、太阳能光热系统对室内的供热、室内通风换气散失的热量、环境空气与建筑外墙的换热和室内空气与内墙的换热。夜晚，建筑的热过程主要为室内通风换气散失的热量、环境空气与建筑外墙的换热和室内空气与内墙的换热。忽略建筑蓄热作用的影响，建筑热过程的能量平衡关系式可以通过下面公式表达：

$$Q_{heat} = Q_{fre} + Q_{loss} - Q_{abs} - Q_{sys} \tag{4.18}$$

式中，Q_{heat}表示建筑采暖所消耗的热量；Q_{fre}表示房间通风换气散失的热量；Q_{loss}表示室内空气通过墙体或窗户向室外的散热；Q_{abs}表示太阳直接照射到室内的得热；Q_{sys}表示太阳能光热系统对室内的供热。

关于房间通风换气耗热量的模拟计算采用指定通风换气次数的方法来确定，具体计算方法如下：

$$Q_{fre} = \rho CKV(T_r - T_a) \tag{4.19}$$

式中，ρ 表示空气密度；C 表示空气比热容；K 表示房间每小时的通风换气次数；V 表示房间的体积；T_r、T_a分别表示室内、外空气温度。

房间室内空气向室外的散热量通过下式计算：

$$Q_{loss} = (T_r - T_a)/R_{loss} \tag{4.20}$$

式中，R_{loss}表示室内空气与室外空气的总热阻，由相应的导热和对流换热经验关系式计算得到。

太阳直接照射到室内的得热通过下式计算：

$$Q_{abs} = G_s A_s \cdot (\mathrm{SHGC}) \tag{4.21}$$

式中，G_s表示南墙的太阳辐射强度；A_s表示南墙的门窗面积；(SHGC)表示门窗的太阳能得热系数。

太阳能光热系统对室内的供热通过下式计算：

$$Q_{sys} = G_e \cdot A_{T\text{-}e}\eta_T + G_w \cdot A_{T\text{-}w}\eta_T + G_r \cdot A_r\eta_r \tag{4.22}$$

式中，G_e、G_w和 G_r分别表示东墙、西墙和斜屋顶的太阳辐射强度；$A_{T\text{-}e}$、$A_{T\text{-}w}$和 A_r分别表示东墙百叶型太阳能采暖通风墙集热面积、西墙百叶型太阳能采暖通风墙集热面积和瓦型太阳能双效集热器的集热面积；η_T 和 η_r 分别表示百叶型太阳能采暖通风墙和瓦型太阳能双效集热器集热空气的太阳能效率。对于百叶型太阳能采暖通风墙集热效率 η_T 的取值，根据研究结果取平均值 32%；对于瓦型太阳能双效集热器，集热器集热空气的集热效率 η_r 取平均值 44%。

为评价太阳能采暖系统对设计建筑采暖能耗的影响，本节应用太阳能保证率的评价指标。太阳能保证率指太阳能提供的热量对建筑总能耗的贡献率，计算方法为

$$\mathrm{SF}=\frac{Q_{\mathrm{ref}}-Q_{\mathrm{solar}}}{Q_{\mathrm{ref}}} \tag{4.23}$$

式中，Q_{ref}表示参照建筑在没有太阳能提供采暖情况下的采暖能耗；Q_{solar}表示设计建筑采用太阳能进行辅助供热时的采暖能耗。

4.4.2 不同朝向年辐射总量的计算

根据合肥地区典型气象年气象数据，不同朝向平面单位面积的年太阳辐射总量可以通过计算模拟获得。图 4.14 和图 4.15 给出了合肥地区建筑利用太阳能的 6 种典型朝向的单位面积太阳辐射总量，包括正东、东南、正南、西南、正西和南向 30°倾斜面。从图中可以看出，不同朝向平面单位面积的每月太阳辐射总量变化情况。对于西向、东向和 30°倾斜面，最高值是在夏季的 5 月和 8 月，最低值是在冬季的 1 月。对于东南和西南朝向，最大单位面积辐射总量是在 8 月和 10 月，最低值是在 6 月和 7 月。类似地，南向最高值是在 10 月和 11 月，最低值是在 6 月。春季 3 月、4 月和 5 月期间，不同朝向平面根据单位面积接收的太阳辐射总量由大到小排序为朝南 30°倾斜面(164.8 kWh/m^2)、正西(101.5 kWh/m^2)、西南(94.7 kWh/m^2)、正南(51.7 kWh/m^2)、东南(45.4 kWh/m^2)、正东(36.8 kWh/m^2)。夏季 6 月、7 月和 8 月期间的朝向排序为朝南 30°倾斜面(162.7 kWh/m^2)、正西(113.3 kWh/m^2)、西南(81.5 kWh/m^2)、正东(46.1 kWh/m^2)、东南(42.6 kWh/m^2)、正南(27.2 kWh/m^2)。秋季 9 月、10 月和 11 月期间的朝向排序为朝南 30°倾斜面(131.1 kWh/m^2)、西南(99.3 kWh/m^2)、正南(94.8 kWh/m^2)、正西(64.9 kWh/m^2)、东南(56.3 kWh/m^2)、正东(24.5 kWh/m^2)。冬季 12 月、1 月和 2 月期间的朝向排序为朝南 30°倾斜面(85.2 kWh/m^2)、正南(79.3 kWh/m^2)、西南(76.9 kWh/m^2)、正西

(43.9 kWh/m²)、东南(43.2 kWh/m²)、正东(15.4 kWh/m²)。

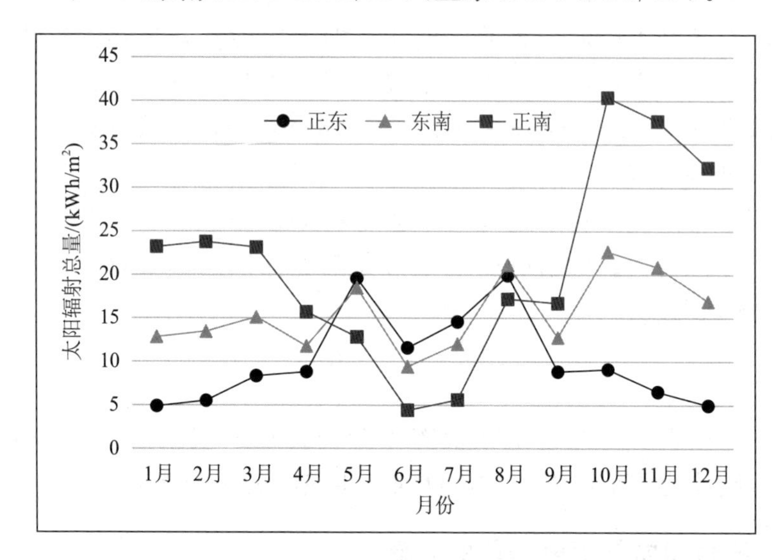

图 4.14 正东、东南和正南每月单位面积太阳辐射总量变化情况

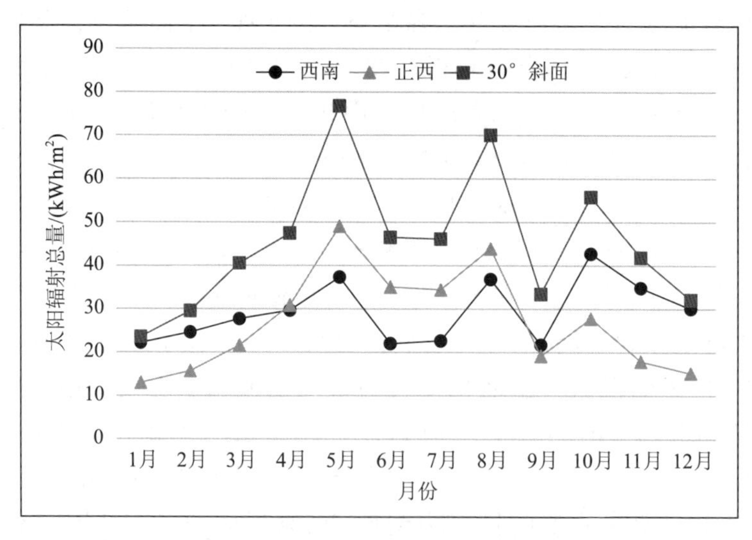

图 4.15 西南、正西和南向 30°倾斜面每月单位面积太阳辐射总量变化情况

4.4.3 太阳能采暖系统的运行性能模拟结果

设计建筑总建筑面积 241.6 m²,上下层面积相等,层高 3.3 m,净高3 m,砖墙厚度 0.24 m,导热系数 0.72 W/(m·K),一楼、二楼南墙的窗墙比分别为 0.51 和 0.36,其中门窗玻璃采用双层中空玻璃,传热系数为 1.4 W/(m^2·K),太阳能得热系数为 0.589。百叶型太阳能采暖通风墙面积共 40.0 m^2,瓦型太阳能双效集热器集热面积为 40.0 m^2。合肥地区的采暖季节是每年的 12 月、1 月和 2 月,模拟采用的气象文件为 EnergyPlus 提供的中国典型年气象数据。根据《采暖通风与空气调节设计规范》(GB 50019—2003)的规定,房间采暖的计算参数取为 18.0 ℃,根据《夏热冬冷地区居住建筑节能设计标准》(JGJ 134—2010)的规定,换气次数取 1 次/小时,建筑物内设有排风热回收装置,排风热回收装置的额定热回收效率设置为 60%。图 4.16～图 4.19 给出了通过模拟结果获得的设计建筑一楼房间和二楼房间的采暖能耗,其中 Q_{ref}-Q_{solar} 即为太阳能光热利用系统对建筑的采暖贡献。

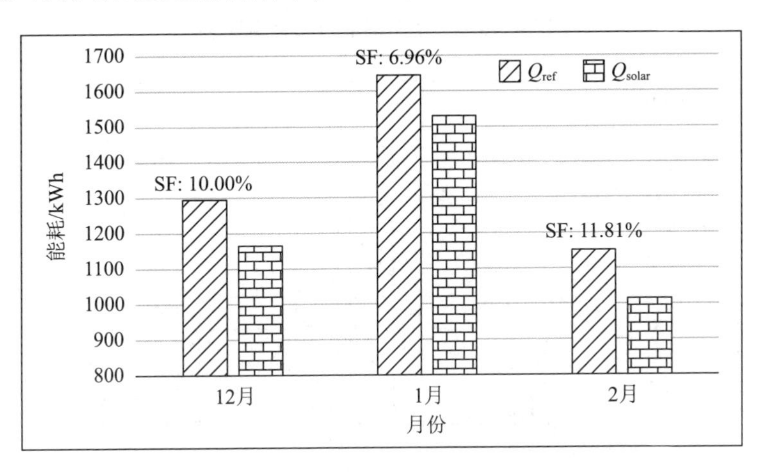

图 4.16　一楼房间的全天采暖能耗

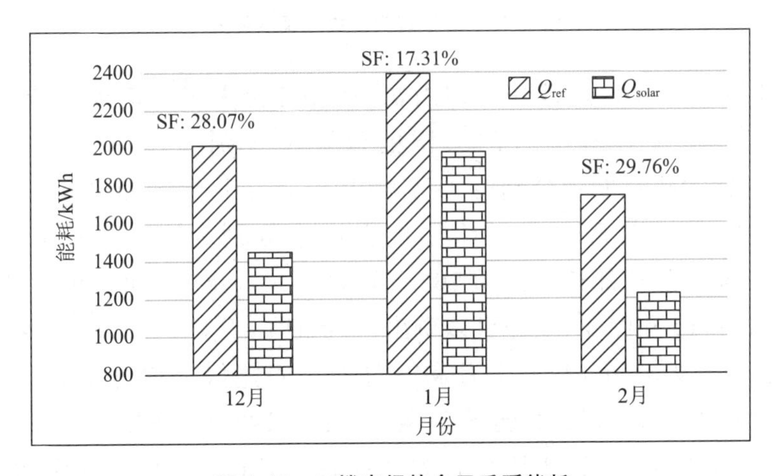

图 4.17　二楼房间的全天采暖能耗

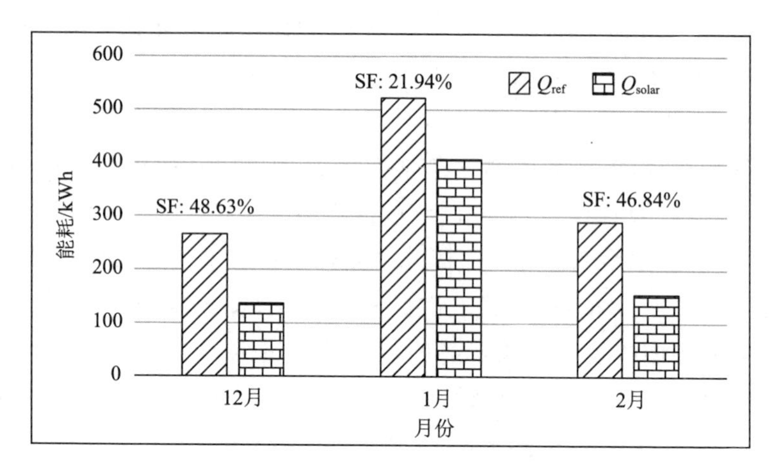

图 4.18　一楼房间的白天采暖能耗

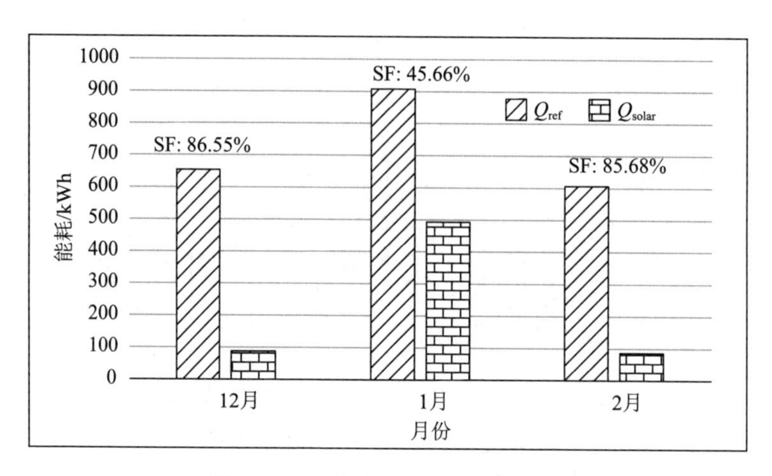

图 4.19　二楼房间的白天采暖能耗

从图 4.16 和图 4.17 中可以看出，在保证全天采暖需求的情况下，一楼房间 12 月、1 月和 2 月的太阳能保证率分别为 10.00%、6.96% 和 11.81%，减少建筑能耗分别为 129.4 kWh、114.5 kWh 和 136.0 kWh；二楼房间 12 月、1 月和 2 月的太阳能保证率分别为 28.07%、17.31% 和 29.76%，减少建筑能耗分别为 565.8 kWh、414.3 kWh 和 519.5 kWh。

从图 4.18 和图 4.19 中可以看出，在保证白天 8:00—18:00 采暖需求的情况下，一楼房间 12 月、1 月和 2 月的太阳能保证率分别为 48.63%、21.94% 和 46.84%，减少建筑能耗分别为 129.4 kWh、114.5 kWh 和 136.0 kWh；二楼房间 12 月、1 月和 2 月的太阳能保证率分别为 86.55%、

45.66%和85.68%，减少建筑能耗分别为565.8 kWh、414.3 kWh和519.5 kWh。这是因为合肥地区1月份的太阳辐射总量和平均气温最低，所以1月份的太阳能保证率最低。总体而言，通过模拟可以得出，合肥地区整个采暖季节，百叶型太阳能采暖通风墙在冬季全天采暖模式和白天采暖模式下对设计建筑一楼采暖的太阳能保证率分别为9.29%和35.23%，瓦型太阳能热水-采暖双效系统在冬季全天采暖和白天采暖模式下对设计建筑二楼采暖的太阳能保证率分别为24.36%和69.19%。

4.5 本章小结

瓦型太阳能热水-采暖双效系统是在平板型太阳能双效集热器的基础上，为改善屋顶安装集热器的建筑外观效果而开发研制的，既实现采暖和热水双功能，又提高了太阳能系统与建筑的一体化程度。本章首先对瓦型太阳能热水-采暖双效集热器和平板型太阳能热水-采暖双效集热器的集热水性能进行了对比测试，并建立了瓦型太阳能双效集热器的数学模型，将模拟计算结果与相应的实验测试结果进行对比和验证，结果显示数值计算结果和实验结果相对误差小于1.06%，理论模型可以准确模拟系统性能。利用验证过的理论模型对瓦型双效集热器的集热特性进行分析研究。之后设计了一栋综合应用了壁挂式太阳能环路热管-热泵热水系统、百叶型太阳能采暖通风墙和瓦型太阳能热水-采暖双效系统的双层建筑，建筑屋顶为坡屋顶结构，南面为落地窗，东、西墙面无开窗，建立了太阳能建筑的热工模型，研究太阳能系统对建筑能耗的贡献。本章得到结论主要包括以下几方面：

(1)热水模式瓦型太阳能双效集热器和平板型太阳能双效集热器的瞬时效率方程分别为

$$\eta = 0.6866 - 7.5325\left(\frac{T_{\text{mean}} - T_{\text{amb}}}{I}\right)$$

和

$$\eta = 0.7311 - 10.0350\left(\frac{T_{\text{mean}} - T_{\text{amb}}}{I}\right)$$

(2)与平板型太阳能双效集热器相比，瓦型太阳能热水-采暖双效系统在较高的工作温度和较弱的太阳辐射强度下具有更高的集热效率。

(3)瓦型太阳能热水-采暖双效集热器的性能受水流入口水温、流速和外界参数,包括太阳辐射强度、环境温度的影响。集热器的太阳能集热效率随入口水温的提高、入口水流流速的降低、太阳辐射强度的降低和环境温度的降低而降低。

(4)在合肥地区,百叶型太阳能采暖通风墙在冬季全天采暖模式和白天采暖模式下对设计建筑一楼提供采暖的太阳能保证率分别为9.29%和35.23%,瓦型太阳能热水-采暖双效系统在冬季全天采暖和白天采暖模式下对设计建筑二楼提供采暖的太阳能保证率分别为24.36%和69.19%。

第5章　建筑智能遮阳技术

透明围护结构是建筑外围护结构的重要组成部分，具有造型能力强、装饰效果好、结构重量轻等不可替代的优势，是现代大型和高层建筑外围护结构的最佳选择之一。然而，由于热容量小、保温效果差、太阳得热大且外立面不容易设置外遮阳装置，因此透明围护结构是围护结构保温隔热中最薄弱的环节，其热损失可占围护结构总热损失的50%左右。另外，过多阳光直射进入室内也会影响室内人员的视觉舒适度，增加不舒适眩光的概率。但可开启的透明围护结构对促进自然通风、改善室内热湿环境和空气品质、改善天然采光条件、增加室内外自然信息交流、调节人员心情和促进舒适健康，具有不可替代的作用，是建筑设计中不可或缺的元素。而经过透明围护结构进入室内的太阳辐射是影响室内光热环境质量和建筑能耗的主要因素之一，特别是对我国南方炎热地区，日照时间长，太阳辐射强烈，对太阳辐射的调控至关重要。因此，针对建筑透明围护结构的遮阳构件和玻璃光学及热工性能的优化设计，对改善室内光热环境质量和提高绿色建筑节能水平具有重要作用。

在实际应用中，建筑光热环境的变化总是受到室内外环境周期性光、热作用的影响，透明围护结构单一固定的光学热工设计难以实现对建筑物周围微气候变化的动态响应。为实现对室内采光和太阳辐射得热的高效调控，建筑透明围护结构应能够根据建筑内外环境的变化改变自身的透光和隔热特性。设置可调节遮阳设施或应用具有可变透光可变隔热特性的变色玻璃，可以对进入建筑物的太阳光和热辐射进行动态调控，将有效提高室内光热环境舒适度，降低建筑能耗。

本章介绍了分区智能遮阳系统和热致变色玻璃两种太阳能光热调控新技术，对其在绿色建筑中的应用效果从建筑光环境、热环境和建筑能耗3方面进行了分析。

5.1 分区智能遮阳系统

5.1.1 分区智能遮阳系统的基本结构与原理

建筑遮阳能降低夏季空调负荷、降低冬季通过窗户的热损失、缓解室内自然采光中的炫光问题、改善室内热环境的舒适度,在建筑立面处理中具有重要地位。近年来随着新技术和新材料的应用,建筑遮阳及其立面设计比以往任何时候更加多样化。将智能控制算法应用于遮阳系统可提高其适应室外多变环境、改善室内光热环境、降低建筑能耗的能力,同时智能控制算法能为用户提供个性化的服务配置,大量的数据被用于处理与决策,系统服务灵活性高。

分区智能遮阳系统采用了卷帘和遮阳百叶两种常用的遮阳设施,如图5.1所示。本节对分区智能遮阳系统应用于具有良好建筑节能效果的双层玻璃幕墙中的绿色建筑环境性能进行研究。系统中双层玻璃幕墙分为采光区和遮光区两个区域,上部分采光区采用百叶遮阳并作为反光构件,下部分遮光区采用卷帘遮挡太阳辐射。同时应用智能控制算法对分区智能遮阳系统进行控制,根据季节、气候、朝向、时间等条件的不同进行光线跟踪及阴影计算,自动调整遮阳系统的运行状态。

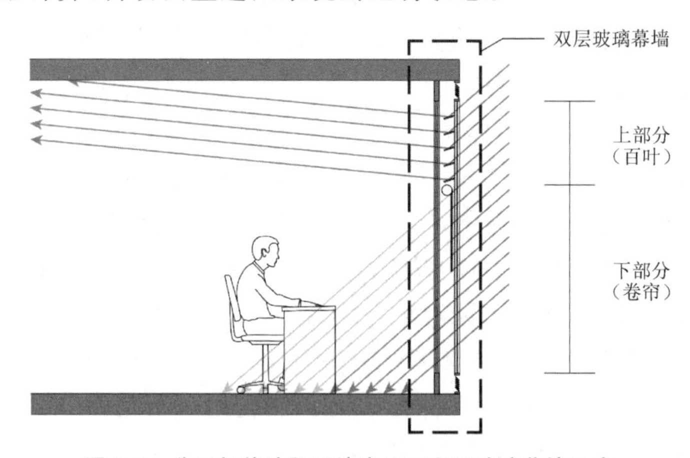

图 5.1 分区智能遮阳系统应用于双层玻璃幕墙示意

5.1.2 分区智能遮阳系统的绿色建筑性能模拟方法

基于 Rhinoceros 几何建模平台,借助参数化设计工具 Grasshopper、参数化性能分析工具包(Ladybug、Honeybee)和 Python 的 EnergyPlus Eppy 来调用 EnergyPlus、Radiance 等建筑环境性能模拟软件,实现双层玻璃幕墙中应用分区智能遮阳系统的绿色建筑环境性能模拟。

分区智能遮阳系统的绿色建筑性能模拟流程(图 5.2):首先使用 Rhinoceros 和 Grasshopper 完成双层玻璃幕墙和分区智能遮阳系统的几何信息参数化建模,之后使用 Ladybug 和 Honeybee 完成双层玻璃幕墙和分区智能遮阳系统的建筑热工及光学信息的参数化建模,调用建筑采光模拟软件 Radiance 完成室内光环境模拟,基于光环境的模拟结果使用 Python 修正用于建筑能耗模拟的参数,最后调用建筑能耗模拟软件 EnergyPlus 完成建筑能耗模拟。

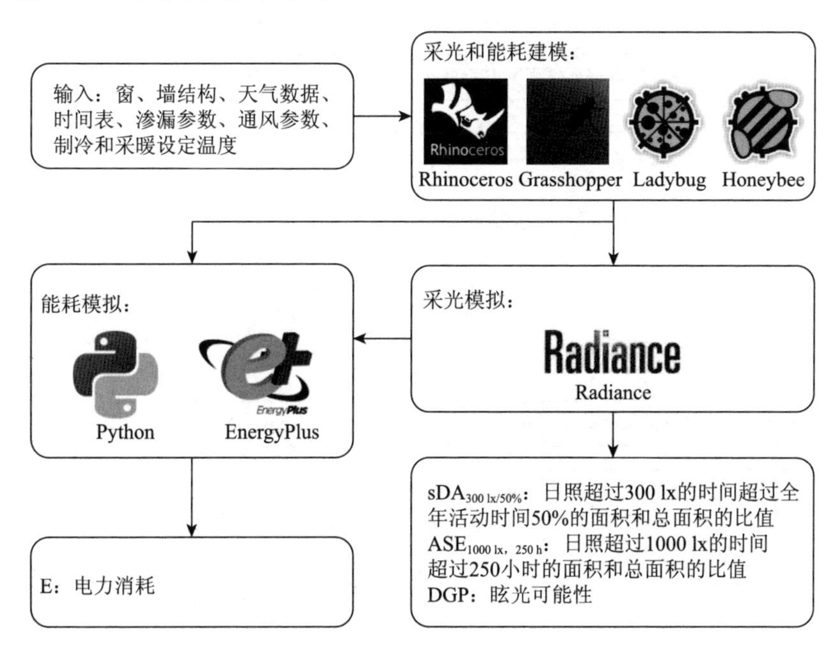

图 5.2　分区智能遮阳系统的绿色建筑性能模拟流程

分区智能遮阳系统的采光模拟中,房间的几何模型、遮阳构件的几何模型、材质等信息通过 Honeybee 写入 .rad 文件中,用于 Radiance 计算,如图 5.3 所示。分区智能遮阳系统的建筑能耗模拟流程如图 5.4 所示,首先由 Honeybee 创建一个 .idf 文件,其中包含默认设置的百叶角度、遮阳控制策略和照明时间表。随后,根据天气条件和 Radiance 中的光环境模拟结果,外部 Python 代码用于创建具有自定义百叶角度、遮阳控制策略和照明时间表的.idf文件。这些文件由EPPY包并行运行,并在运行每个.idf文件后收集相应的数据。EnergyPlus中的遮阳控制只有打开和关闭选项,为了在EnergyPlus中对卷帘智能控制进行建模,当卷帘未完全打开或完全关闭时,外部开窗表面被分为两个部分,上半部分的遮光控制设置为"开"以表示卷帘覆盖的区域,而下半部分设置为"关"以表示透明部分。

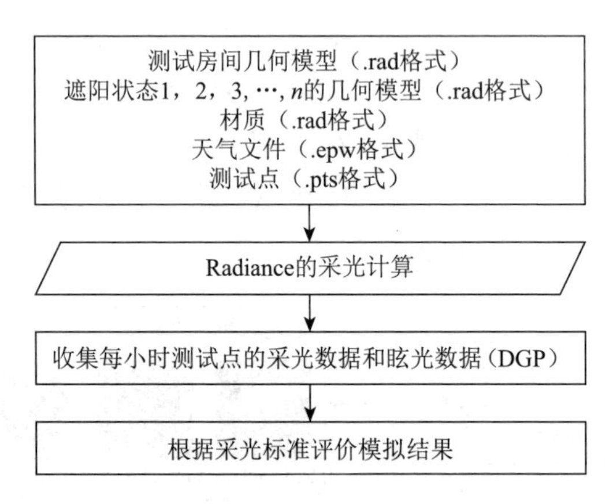

图5.3 分区智能遮阳系统的采光模拟流程

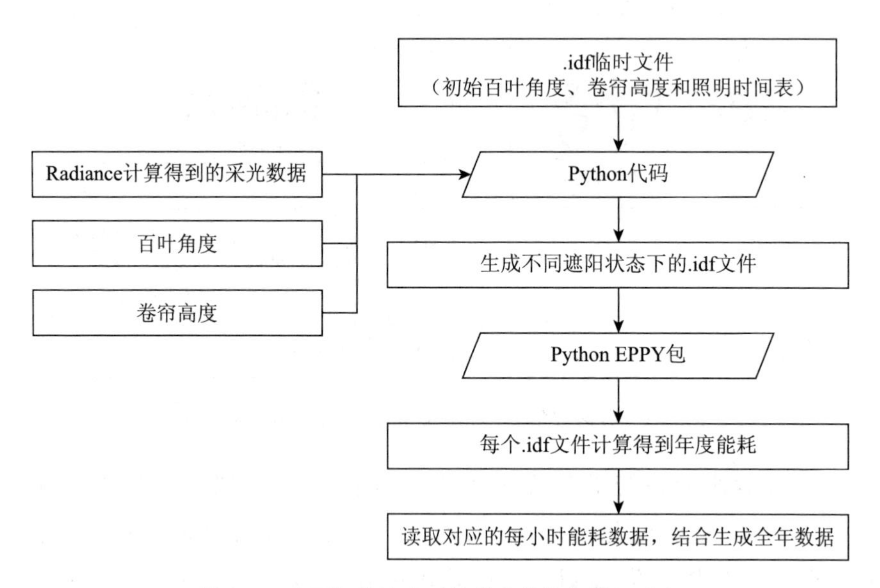

图5.4 分区智能遮阳系统的建筑能耗模拟流程

选择一间典型办公室,房间的几何尺寸为3.5 m×6.2 m×3.0 m,如图5.5所示。房间的围护结构中除了南面,其余的墙壁边界假定为绝热边界条件，以模拟一个朝南多层建筑中间楼层办公室的建筑环境性能。建筑的照明功率密度、设备密度、人员密度、人员在室率、房间空调设定温度等运行参数按照现行行业标准《民用建筑绿色性能计算标准》(JGJ/T 449—2018)的规定进行设置。

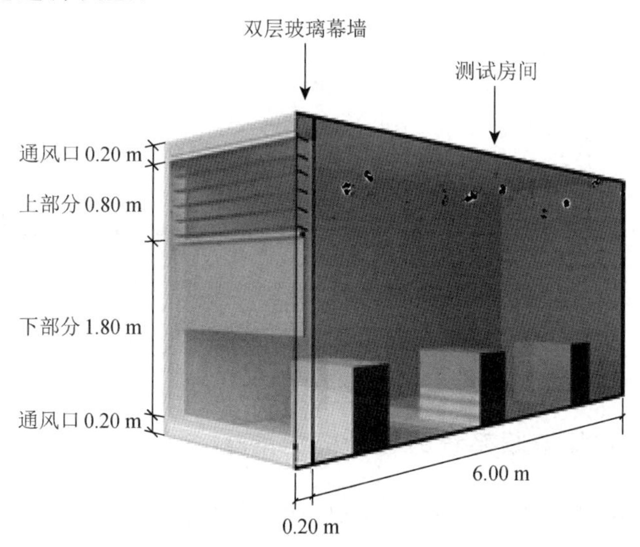

图 5.5 用于建筑性能模拟的模型房间

为研究分区智能遮阳系统在不同气候区的建筑环境性能，模拟计算所选取的气象参数为厦门、上海和北京的典型气象年数据。采用基于典型气象年数据和天然光气候数据的全年动态建筑物理性能模拟方法，评价指标选取如下：①基于动态采光分析的光环境评价指标依据 2013 年美国照明工程学会(Illuminating Engineering Society of North America，IES)颁行的 IES LM-83-12 标准，采用采光阈占比(spatial daylight autonomy，$sDA_{300\ lx,50\%}$)评估建筑采光能力的优劣，采光测点如图 5.6 所示；采用年累计日照时数(annual sunlight exposure，ASE)指标 $ASE_{1000\ lx,250\ h}$和不适眩光概率(discomfort glare probability，DGP)来评价视觉舒适度。②建筑能耗评价指标依据现行行业标准《民用建筑绿色性能计算标准》(JGJ/T 449—2018)，采用理想空调系统计算建筑全年累计耗热量和耗冷量，根据供暖系统和供冷系统的综合效率折算权重计算全年累计供暖耗电量和供冷耗电量，叠加照明系统的全年耗电量，最后获得建筑单位面积全年供暖、空调及照明耗电量作为建筑能耗评价指标。

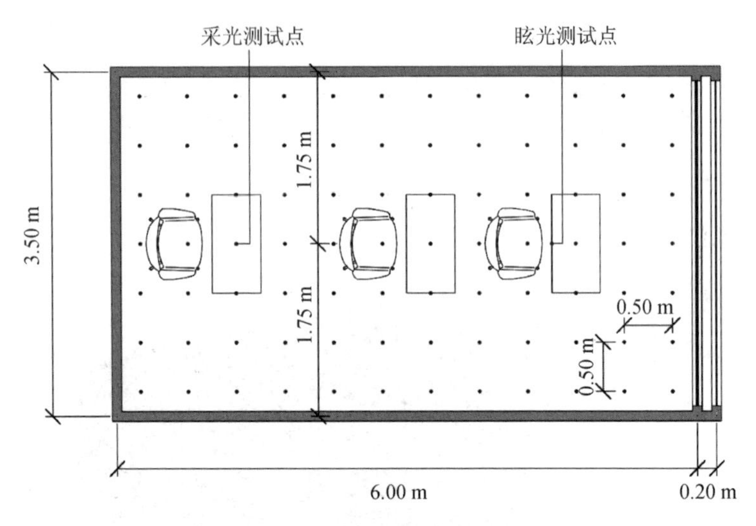

图 5.6　光环境性能模拟的测点分布

5.1.3　分区智能遮阳系统的智能控制策略

为比较不同遮阳设施及遮阳控制策略对绿色建筑性能的影响，选取了 4 种遮阳策略用于模拟计算，如图 5.7 所示。其中，没有遮阳设施的情形 A 作为比较基准；情形 B 中单独安装了一个卷帘遮阳设施；情形 C 和情形 D 均为上部分为百叶、下部分为卷帘的分区遮阳系统，但情形 C 和情形 D 的控制方式不同。

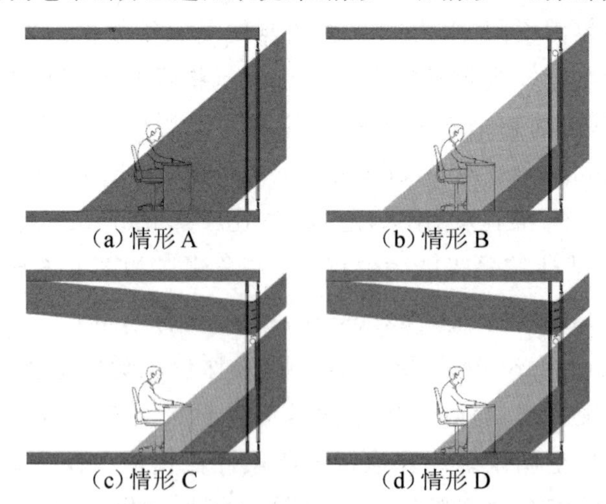

图 5.7　用于比较研究的 4 种遮阳设施

情形 B、情形 C 和情形 D 的遮阳装置均采用了自动控制策略。情形 B 的控制策略是根据工作平面的高度和工作区域与窗户之间的距离，防止阳

光直射到工作平面上。情形 C 和情形 D 的控制策略如图 5.8 所示。情形

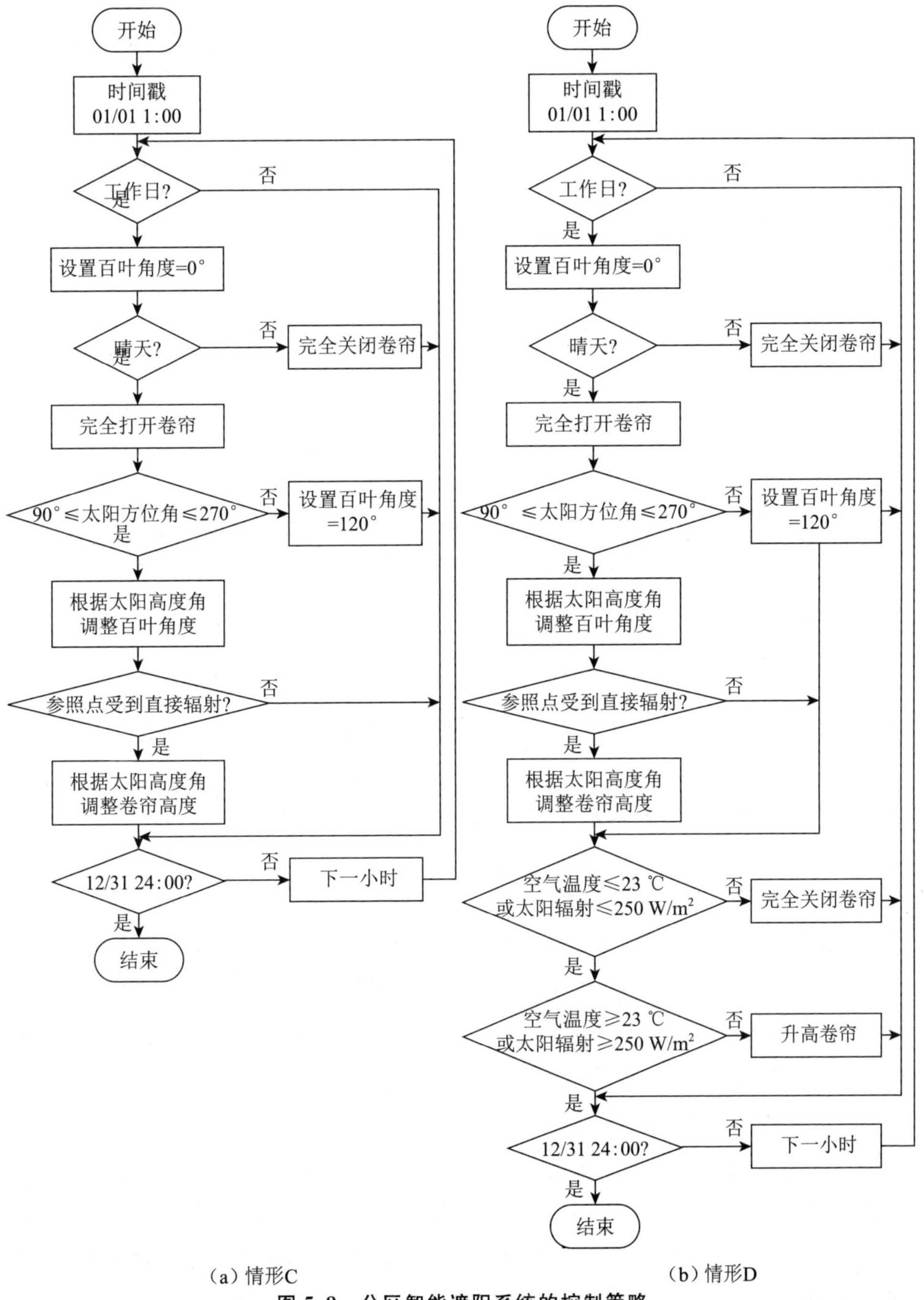

(a) 情形C　　(b) 情形D

图 5.8　分区智能遮阳系统的控制策略

C中的卷帘控制策略与情形B相同，百叶的控制策略为根据太阳入射的角度调整百叶的反转角，将入射的太阳光定向反射到房间进深较深的位置。情形D考虑了太阳辐射强度的因素，当空气温度低于23 ℃时，让直射辐射低于250 W/m^{2}的太阳光照进室内；当空气温度高于23 ℃时，隔绝大于250 W/m^{2}的太阳光。控制百叶帘和卷帘的变量分别为百叶翻转角度和卷帘的位置。百叶的翻转角度用玻璃外法线方向与百叶外法线方向之间的夹角表示[图5.9(a)]，卷帘的位置用卷帘底边的高度表示[图5.9(b)]。

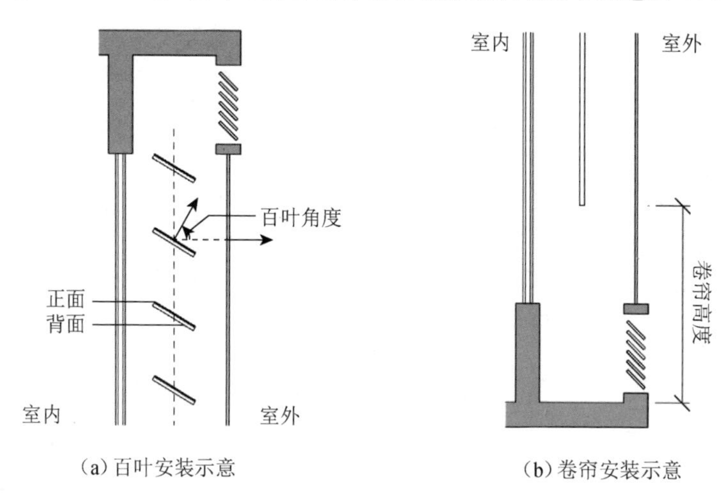

图5.9 百叶翻转角度和卷帘位置示意

5.1.4 分区智能遮阳系统的绿色建筑性能模拟结果与分析

5.1.4.1 建筑能耗模拟结果

如图5.10所示为情形A、情形B、情形C和情形D在厦门、上海和北京3个地区分区智能遮阳系统应用于采用了具有高透过率未镀膜玻璃的双层玻璃幕墙的单位建筑面积能耗(energy use intensity，EUI)。从图中可以看出，在厦门和上海的气候条件下，安装了遮阳设施的建筑具有更低的EUI，主要来自制冷空调能耗的下降。采用智能控制策略的分区智能遮阳系统情形D在厦门和上海地区分别节约6.8%和4.8%的能耗，在北京地区的能耗增加了2.4%。与情形A相比，单独安装了卷帘遮阳的情形B可以阻挡太阳辐射进入室内并降低空调能耗，但较少的阳光也会导致人工照明能耗和采暖能耗的增加。因此，北京气候条件下情形B的能耗超过无遮阳措施情形 A 的能耗。类似地，情形 C 和情形 D 的空调能耗均低于情形 A 的空调能耗，但照明能耗略高于情形 A 的照明能耗，特别是北京地区的照明能耗增加最多。采用先进智能控制策略的情形 D 的能耗均低于普通控制的情形 B 和情形 C。

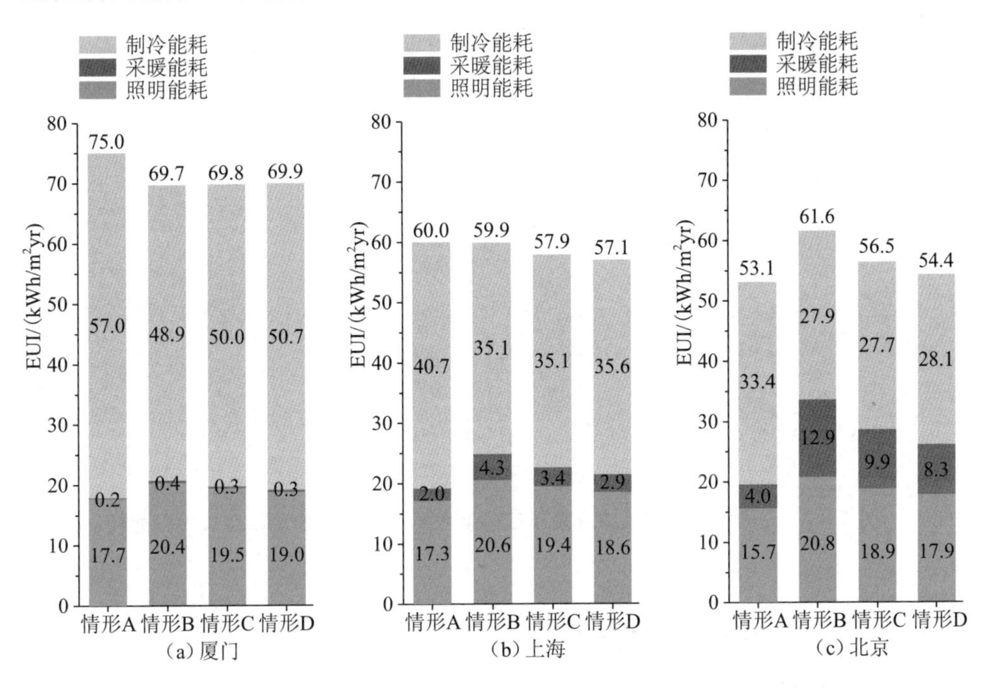

图 5.10　分区智能遮阳系统应用于高透双层玻璃幕墙的单位建筑面积能耗

如图 5.11 所示为双层玻璃幕墙采用低辐射(low-E)镀膜玻璃时，情形 A、情形 B、情形 C 和情形 D 在厦门、上海和北京 3 个地区分区智能遮阳系统的 EUI。结果显示，与没有任何遮阳措施的情形 A 相比，遮阳措施能降低空调制冷能耗，但总能耗在大部分情况下略有升高，唯一的特例是厦门气候条件下情形 D 的总能耗下降。由于遮阳设施对室内采光舒适度至关重要，因此尽管遮阳设施会导致能耗略有增加，但遮阳设施仍是不可或缺的。而比较情形 B、情形 C 和情形 D，采用先进智能控制策略的分区智能遮阳系统情形 D 的 EUI 最低、最节能。

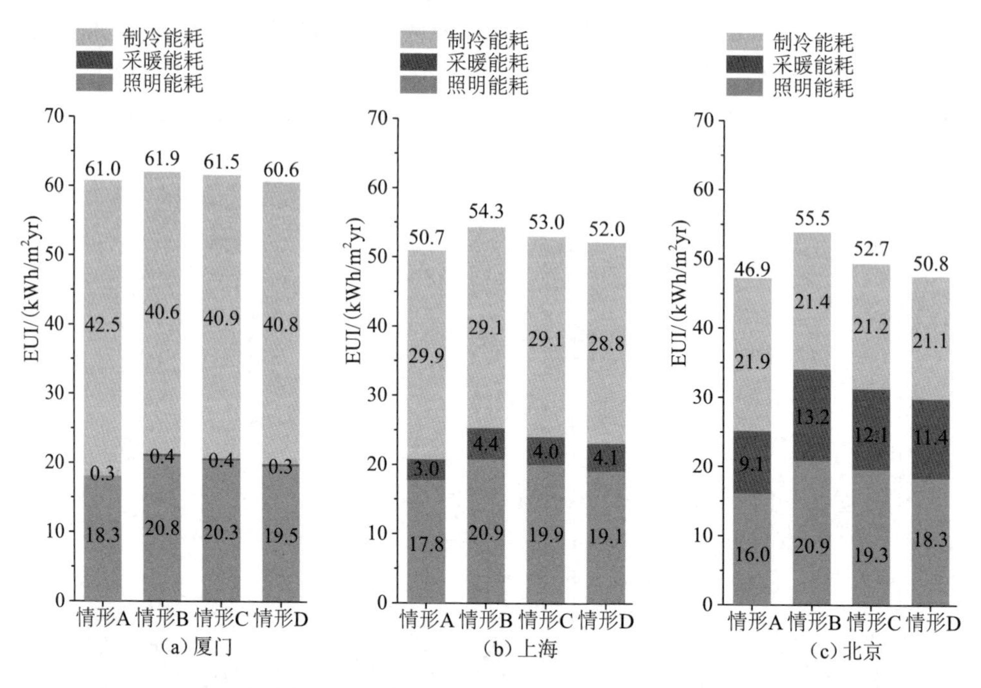

图 5.11 分区智能遮阳系统应用于低辐射双层玻璃幕墙的单位建筑面积能耗

5.1.4.2 建筑采光模拟结果

情形 A、情形 B、情形 C 和情形 D 在厦门、上海和北京 3 个地区分区智能遮阳系统应用于双层玻璃幕墙的采光阈占比 sDA 值如图 5.12 所示。双层玻璃幕墙中不安装任何遮阳措施的情形 A 具有最高的 sDA 值，厦门为 50.0%，上海为 47.6%，北京为 50.0%。情形 B 的 sDA 值明显低于情

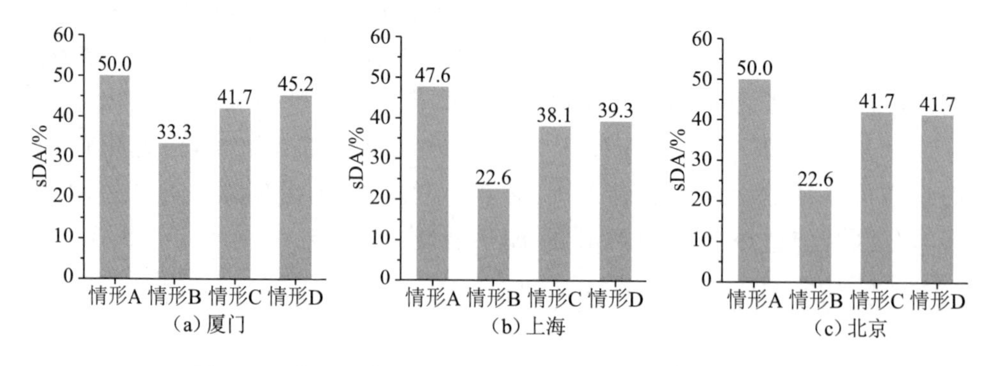

图 5.12 分区智能遮阳系统应用于双层玻璃幕墙的采光性能

形 A,原因是情形 B 使用的卷帘遮阳覆盖了大面积区域的采光口,阻挡了自然光进入室内。使用了分区智能遮阳系统的情形 C 和情形 D 的 sDA 值略低于情形 A 的结果。与单独卷帘遮阳的情形 B 相比,使用智能控制策略的情形 D 在厦门、上海和北京的 sDA 值结果分别提高了 11.9%、16.7% 和 19.1%。

5.1.4.3　眩光模拟结果

通过计算 ASE 评估由于直射阳光引起不舒适眩光的可能性,结果如图 5.13 所示。结果表明,与情形 A 相比,具有遮阳设施的情形 B、情形 C 和情形 D 能有效阻挡阳光直射。情形 B、情形 C 和情形 D 在厦门、北京、上海 3 个城市的气候条件下,除了北京情形 D,ASE 值均低于 16%。这意味着仅不到 1/6 房间面积的区域每年有超过 250 小时能照射到强烈的阳光直射。

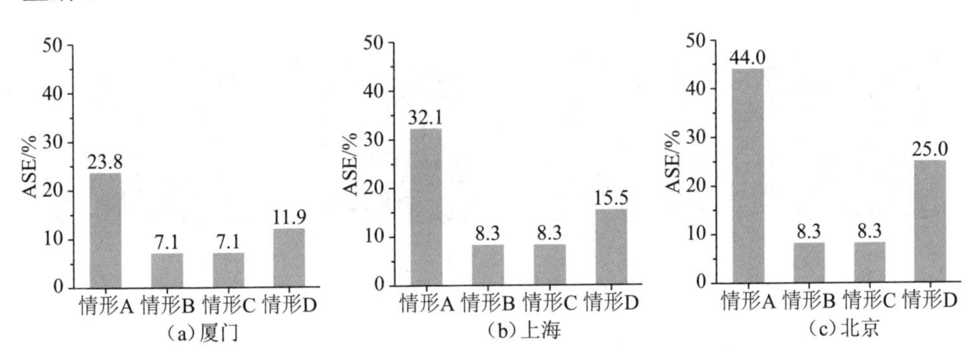

图 5.13　分区智能遮阳系统应用于双层玻璃幕墙的年累计日照时数

3 个城市全年工作时间内的 DGP 模拟计算结果如图 5.14 所示。从图中可以看出,情形 A 不可忍受的眩光占比最大,无遮阳引入大量的入射阳光,导致强烈眩光。安装有单独卷帘设施的情形 B 能显著减少阳光带来的不舒适眩光。情形 B 的不舒适眩光 DGP 占比均低于其他策略。与情形 B 相比,情形 C 和情形 D 的不舒适眩光在夏季更少,但冬季更多。情形 C 和情形 D 相比,采用先进控制策略的情形 D 具有更少的不舒适眩光时间。厦门地区,不舒适眩光时间占比从情形 A 的 24.5% 下降到情形 D 的 10.8%。上海和北京地区,情形 B 的不舒适眩光主要发生在夏季,情形 D 的不舒适眩光主要发生在冬季。尽管情形 D 的 ASE 值显著高于情形 B 和情形 C,但不舒适眩光占比没有明显增加。

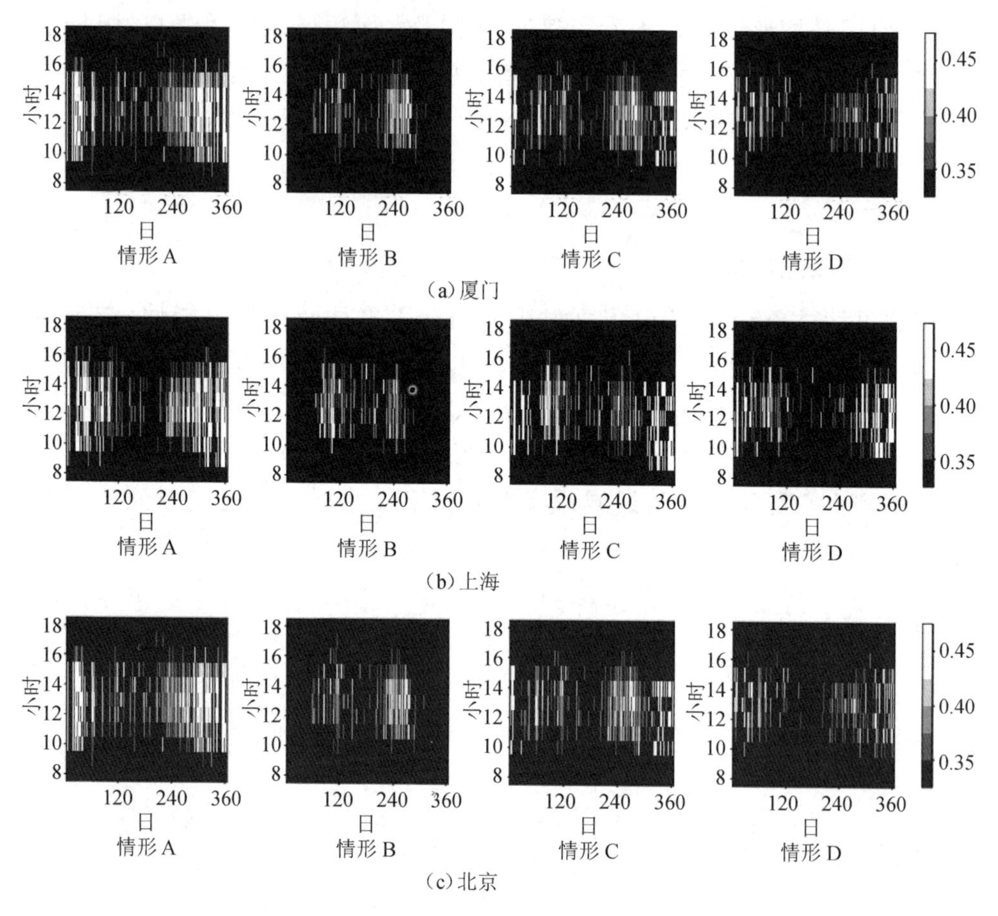

图5.14 分区智能遮阳系统应用于双层玻璃幕墙的DGP

5.2 热致变色玻璃

5.2.1 热致变色玻璃概述

变色玻璃根据外界激励信号的不同可以分为光致变色玻璃、电致变色玻璃、气致变色玻璃和热致变色玻璃，它们的激励分别为紫外线、电流/电压、氧化气体和温度。其中，热致变色玻璃具有成本较低、结构简单、可大面积制造、无须外接电路、近室温的变色转变温度等优点，是最适用于建筑透明围护结构变色应用的方式，具有巨大的建筑节能应用前景。国内外研究表明，热致变色玻璃可以提高室内光热环境舒适度并显著降低建筑能耗：与双层玻璃相比，热致变色玻璃可以减少5%的热不舒适时间；可以提高室内窗户附近全年27.42%的有效采光时间（500～2000 lx）；与普通透明白玻和低辐射玻璃相比，具有理想光谱特性的热致变色玻璃可以实现81.7%和70.5%的建筑节能率。由于热致变色玻璃的广泛应用前景，我国工信部2018年发布的《建材工业鼓励推广应用的技术和产品目录（2018—2019年本）》将热致变色中空玻璃列为建材工业鼓励推广应用的技术产品之一。

热致变色玻璃对建筑光热环境及建筑能耗的影响作用主要体现在两个方面：①热致变色玻璃影响室内光环境及照明能耗。低温透过态和高温低透态时的可见光透射比不同，高温低透态下可见光透射比的降低会导致室内天然光照度的降低和人工照明能耗的升高，但同时也有利于降低室内不舒适眩光概率；低温透过态下较高的可见光透射比有利于室内自然光采光同时降低照明能耗，但也会增加不舒适眩光的概率。②热致变色玻璃影响室内热环境及采暖空调能耗。低温透过态和高温低透态时的太阳得热不同，低温透过态下较高的太阳得热系数有利于冬季得热，降低采暖能耗，但也会增加夏季的太阳得热，增加空调能耗；高温低透态下较低的太阳得热系数有利于夏季隔热，降低空调能耗，但也会减少冬季的太阳得热，增加采暖能耗。

可以看出，热致变色玻璃能否实现室内光热环境舒适度的提升和建筑能耗的降低，一方面取决于热致变色玻璃的光学参数，另一方面取决于其能否在合适的时间根据室内外环境变化实现低温透过态与高温低透态之间的相态转换。而当热致变色玻璃温度随环境变化时，其所处相态又由其本身固有的转变温度值所决定。因此，热致变色玻璃热工参数、光学参数和转变温度的设计取值对其能否实现最大的光热环境提升和建筑节能效果具有非常重要的意义。本节构建了热致变色玻璃对建筑采光与能耗影响的数学模型，基于多目标优化与决策方法，建立热致变色玻璃的应用选型方法，实现室内采光的高效调控并降低建筑能耗。

5.2.2 热致变色玻璃的绿色建筑性能模拟方法

热致变色玻璃的绿色建筑性能模拟是采用基于 Rhinoceros 几何建模平台，借助参数化设计工具 Grasshopper、参数化性能分析工具包(Ladybug、Honeybee)来调用 EnergyPlus、Radiance 等建筑环境性能模拟软件，完成计算模拟。热致变色玻璃的绿色建筑性能模拟流程：首先使用 Rhinoceros 和 Grasshopper 完成模拟办公室的几何信息参数化建模，之后使用 Ladybug 和 Honeybee 完成建筑热工及光学信息的参数化建模，调用建筑采光模拟软件 Radiance 和建筑能耗模拟软件 EnergyPlus 分别完成室内光环境模拟和建筑能耗模拟。

以一间 4.0 m×4.0 m×4.0 m 的办公室为例，如图 5.15 所示，外墙采用混凝土砌块，墙体两侧为水泥抹灰，热工参数见表 5.1，只有南墙开窗，其余墙体假设为绝热，模拟北半球一栋朝南多层建筑的中间层办公室。窗墙比（WWR）固定为 0.4。建模时采用厦门地区气象参数进行计算，分别模拟了单层玻璃窗和双层玻璃窗。玻璃的设置参数见表 5.2。在距离地面 0.8 m 的工作平面上设置 5 个照度传感器：1 个传感器位于房间中央，其他 4 个传感器均匀分布在平面上。

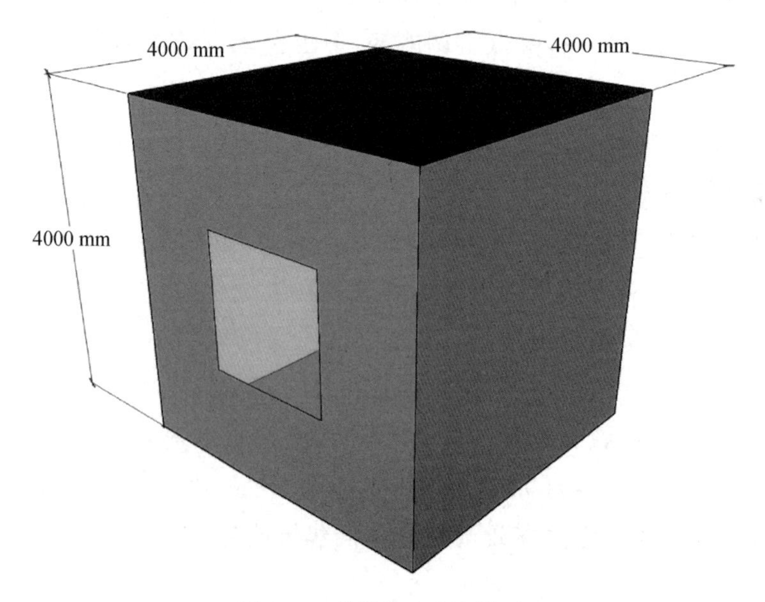

图 5.15 模拟的办公室模型

表 5.1　墙体的设置参数

参　数	单　位	20 mm 水泥抹灰	200 mm 混凝土砌块
粗糙度	—	光滑	中等粗糙
厚度	m	0.02	0.2
热导率	W/(m·K)	0.727	0.571
密度	kg/m^3	1602	609
比热	J/(kg·K)	840	840
热辐射吸收率	—	0.9	0.9
太阳辐射吸收率	—	0.4	0.5
可见光吸收率	—	0.4	0.5

表 5.2　玻璃的设置参数

参　数	单层玻璃	双层玻璃(1.3 cm 间距)	
		外侧	内侧
厚度/mm	6	6	6
热导率/(W/m·K^{-1})	1.4	1.4	1.4
太阳辐射透过率	0.78	0.78	0.78
太阳辐射反射率	0.08	0.08	0.08
可见光透过率	0.88	0.88	0.88
可见光反射率	0.06	0.06	0.06
远红外透过率	0.00	0.00	0.00
远红外半球发射率	0.84	0.84	0.84

建筑的照明功率密度、设备密度、人员密度、人员在室率、房间空调设定温度等运行参数按照现行行业标准《民用建筑绿色性能计算标准》(JGJ/T 449—2018)的规定进行设置。采用基于典型气象年数据和天然光气候数据的全年动态建筑物理性能模拟方法，评价指标选取如下：①基于动态采光分析的光环境评价指标，采用有效采光度(useful daylight illuminance, UDI)评估建筑采光效果的优劣，当照度测点的照度小于 300 lx 时认为太

暗;当照度测点的照度大于 3000 lx 时认为太亮,容易导致视觉不舒适或者过热,以照度测点处工作面照度在 300 lx 到 3000 lx 这个区间为有效采光范围所出现的时间占总使用时间的比例 $UDI_{300\sim3000}$ 作为评价指标。②建筑能耗评价指标依据现行行业标准《民用建筑绿色性能计算标准》(JGJ/T 449—2018),采用理想空调系统计算建筑全年累计耗热量和耗冷量,根据供暖系统和供冷系统的综合效率折算权重计算全年累计供暖耗电量和供冷耗电量,叠加照明系统的全年耗电量,最后获得建筑单位面积全年供暖、空调及照明耗电量作为建筑能耗评价指标。

5.2.3 热致变色玻璃设计选型的多目标优化方法

建筑绿色性能的光环境指标和建筑能耗指标是存在冲突关系的目标,在对热致变色玻璃进行优化选型时,需要取一个权衡以满足优化要求,因此这是一个多目标优化问题。常见的多目标优化方法包括帕累托优化、线性加权、目标规划等。其中,线性加权方法将多目标优化问题简化为单目标优化问题进行处理;目标规划方法需要在多目标问题有明确的重要性排序时才能较好地发挥效果,在多个目标重要性相对一致的情况下效果不佳;帕累托优化方法虽然计算代价大、求解时间长,但求解结果为最优解集的帕累托前沿,具有良好的多样性。通过使用适当的决策方法,可以在帕累托解集中算得全局最优解。

多目标优化问题的目标函数可以写为

$$\min(\max)\boldsymbol{F}(\boldsymbol{X}) = [f_1(\boldsymbol{X}), f_2(\boldsymbol{X}), f_3(\boldsymbol{X}), \cdots, f_n(\boldsymbol{X})]^{\mathrm{T}} \tag{5.1}$$

约束条件方程为

$$\begin{cases} g_i(\boldsymbol{X}) \leqslant 0, i = 1, \cdots, p \\ h_j(\boldsymbol{X}) = 0, j = 1, \cdots, q \\ x_{k,\min} \leqslant x_k \leqslant x_{k,\max} \end{cases} \tag{5.2}$$

式中,$\boldsymbol{X}$ 表示决策变量的向量;$\boldsymbol{F}(\boldsymbol{X})$ 表示目标函数的向量;$g_i(\boldsymbol{X})$ 是不等式约束;p 是不等式约束的数量;$h_j(\boldsymbol{X})$ 是等式约束;q 是等式约束的数量;$x_{k,\min}$ 和 $x_{k,\max}$ 分别是决策变量的下限和上限。当 p 和 q 都等于 0 时,该问题是一个无约束的优化问题。

选取热致变色玻璃的 5 个参数作为优化决策的决策变量,分别为变色温度、透过态太阳辐射透过率、太阳辐射调控率、透过态可见光透过率和可见光调控率。决策变量的向量表示如下：

$$\boldsymbol{X}=[\tau_t, T_{\text{solar}}, \Delta T_{\text{solar}}, T_{\text{lum}}, \Delta T_{\text{lum}}]^{\text{T}} \tag{5.3}$$

同时，决策变量满足以下假设和约束条件：

$$\begin{cases} 0\leqslant \Delta T_{\text{solar}}\leqslant T_{\text{solar}}, 0\leqslant \Delta T_{\text{lum}}\leqslant T_{\text{lum}}, 0\leqslant 2T_{\text{solar}}-T_{\text{lum}}\leqslant 100\% \\ 0\leqslant 2(T_{\text{solar}}-\Delta T_{\text{solar}})-(T_{\text{lum}}-\Delta T_{\text{lum}})\leqslant 100\% \end{cases} \tag{5.4}$$

优化目标为最大限度减少建筑能耗，同时最大化建筑的有效采光时间。采用由奥地利维也纳应用艺术大学和德国 Bollinger+Grohmann 建筑结构事务所共同开发的多目标优化工具 Octopus 计算获得最优解集。之后采用多维偏好线性规划决策（linear programming techniques for multi-dimensional analysis of preference, LINMAP）法获得最优解。LINMAP 法的主要思想是通过人对方案的成对比较进行决策，估计目标间的加权系数和理想解的位置，并借助理想解和加权欧氏距离对方案的优劣进行评价。具体布置为首先从帕累托解集中定义并给出“理想点”(ideal point)，用以表示各目标函数分别取得各自最优值时的情况，之后计算出帕累托前沿中各非支配解的欧拉距离，然后找出距离理想点欧拉距离最近的非支配解作为系统的全局最优解（Pareto-optimal solution, POS），如图 5.16 所示。将该方法应用于热致变色玻璃的多目标优化选型设计中，计算方法流程如图 5.17 所示。

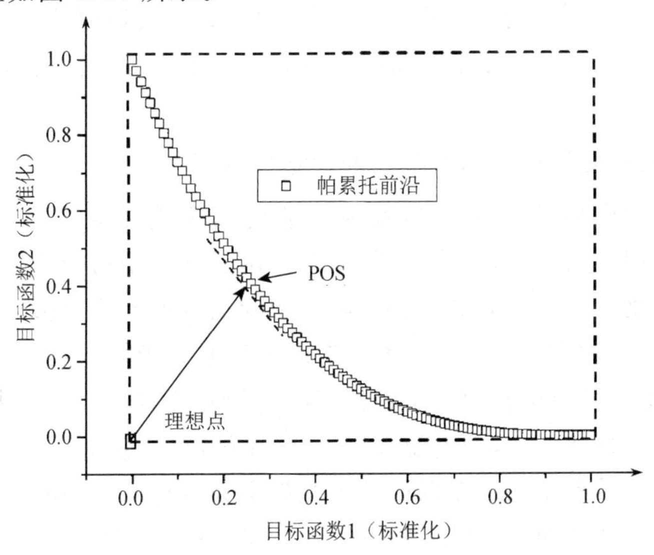

图 5.16 多目标优化的帕累托最优边界

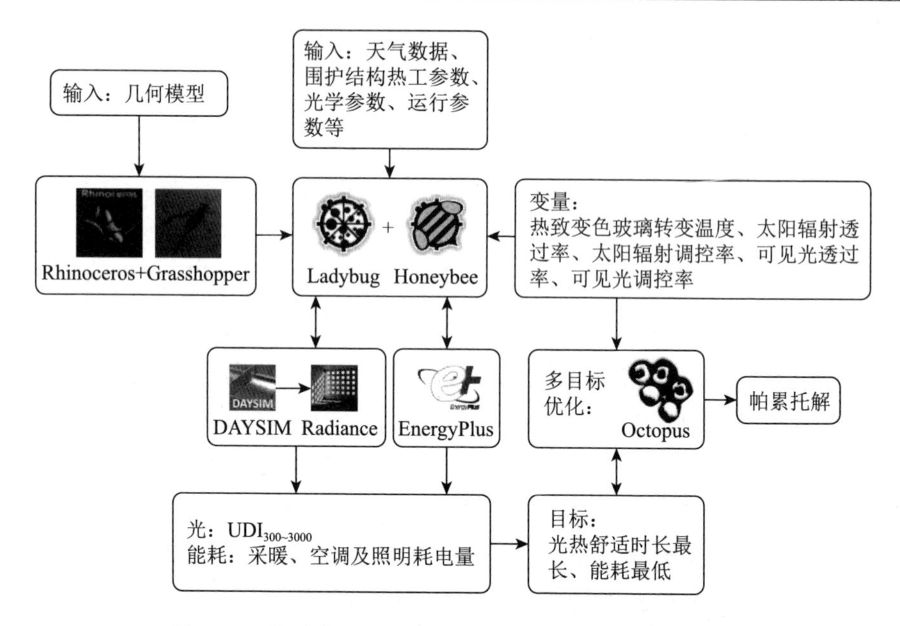

图 5.17 热致变色智能玻璃多目标优化选型的计算流程

5.2.4 热致变色玻璃的绿色建筑性能模拟和设计选型

本节首先对热致变色玻璃的变色温度、透过态太阳辐射透过率、太阳辐射调控率、透过态可见光透过率和可见光调控率这 5 个选型参数进行参数模拟和敏感性分析，之后应用 LINMAP 法获得对应的帕累托前沿解集，最终依据不同决策方法确定全局最优解作为热致变色玻璃的选型参数。

5.2.4.1 热致变色玻璃选型参数的敏感性分析

单层和双层玻璃中应用热致变色玻璃的建筑能耗和有效采光指标 $UDI_{300\sim3000}$ 随变色温度的变化如图 5.18 所示。从图中可以看出，单层和双层玻璃的变化呈现出相似的趋势。随着变色温度的升高，能耗先下降后上升，而 $UDI_{300\sim3000}$ 则先上升后下降。热致变色玻璃所需的最佳变色温度随天气条件、变色玻璃材料的光学特性、建筑类型、建筑方向等参数的变化而变化。在本研究条件下，变色温度为 28 ℃的热致变色玻璃实现了单层和双层玻璃窗的最小能耗。而以最佳采光效果为目标时，单层和双层玻璃窗的最佳变色温度分别为 30 ℃和 36 ℃。因此，对于有效采光和建筑能耗性能来说，变色温度都需要略高于室温。

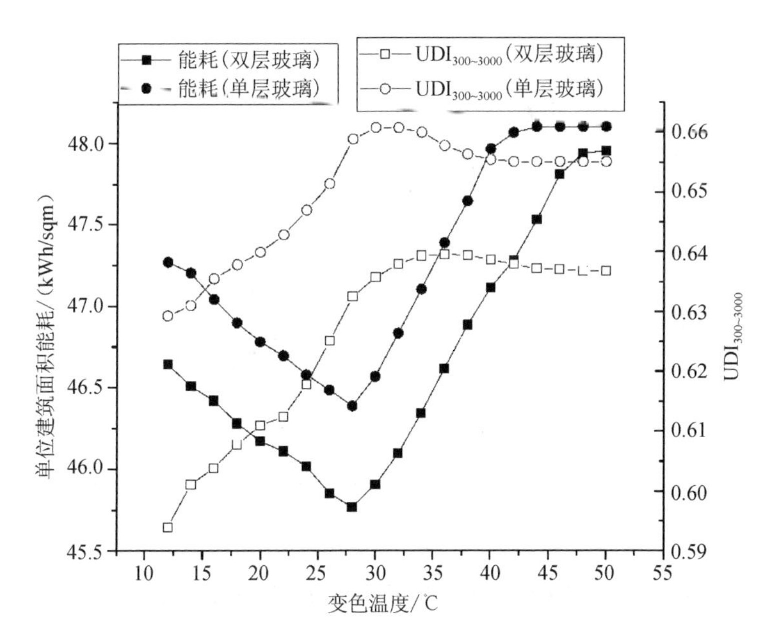

图 5.18　热致变色玻璃绿色建筑性能随变色温度的变化

图 5.19 和图 5.20 给出了热致变色玻璃透过态太阳辐射透过率和太阳辐射调控率对单层和双层玻璃窗建筑的建筑能耗的影响。当热致变色玻璃透过态下的太阳辐射透过率从 0.4 变化到 0.9 时，单层玻璃的建筑能耗从 45.37 kWh/m^{2}增加到 50.26 kWh/m^2(提高 10.8%)，双层玻璃窗的

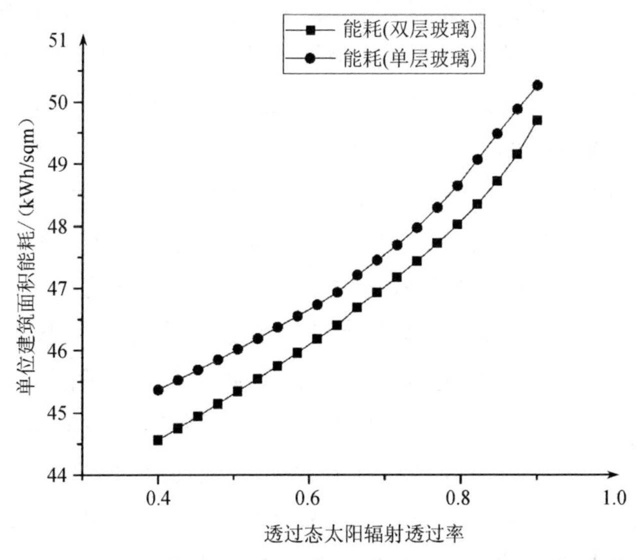

图 5.19　热致变色玻璃绿色建筑性能随透过态太阳辐射透过率的变化

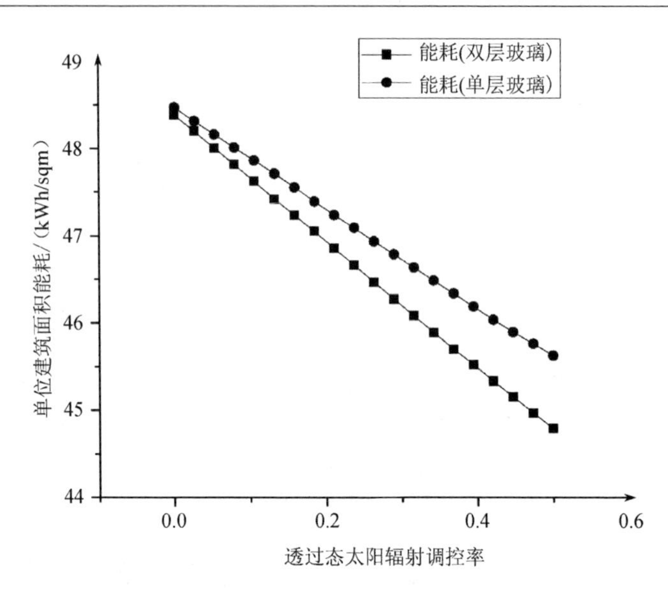

图 5.20　热致变色玻璃绿色建筑性能随太阳辐射调控率的变化

建筑能耗从 44.56 kWh/m^{2}增加到 49.70 kWh/m^2(提高 11.5%)。当太阳辐射调控率从 0 变化到 0.5 时,单层玻璃的建筑能耗从 48.47 kWh/m^{2}下降到 45.62 kWh/m^2(下降 5.9%),而双层玻璃窗的建筑能耗从 48.38 kWh/m^{2}下降至 44.79 kWh/m^2(下降 7.4%)。可以看出,在透过态和低透态下较低的太阳辐射透过率更适合于炎热气候。因为增加的太阳辐射透过率使更多的太阳辐射进入房间,导致冷负荷增加和热负荷减少。在亚热带气候的厦门地区,制冷空调能耗需求占主导地位。因此,建筑能耗随热致变色玻璃的透过态太阳辐射透过率的增加呈增加趋势,而随着透过态太阳辐射调控率的增加呈下降趋势。

图 5.21 和图 5.22 给出了单层和双层玻璃中热致变色玻璃透过态可见光透过率和可见光透过调控率对建筑能耗和有效采光指标 $UDI_{300\sim3000}$的影响。可以发现,建筑能耗随着透过态可见光透过率的增加而降低,而建筑能耗随着可见光透过调控率的增加而增加。随着透过态下可见光透过率的增加,$UDI_{300\sim3000}$呈现先增加后略有下降的趋势。随着可见光透过调控率的增加,$UDI_{300\sim3000}$呈现下降的趋势。该现象可以这样解释:低透态下的可见光透过率随着可见光透过调控率的降低而增加,并且可见光透过率的提高可以使更多的阳光进入室内,从而减少人工照明的能源消耗,进而降低建筑的总能耗。此外,可见光透过率的提高保证了更多的自然光进入

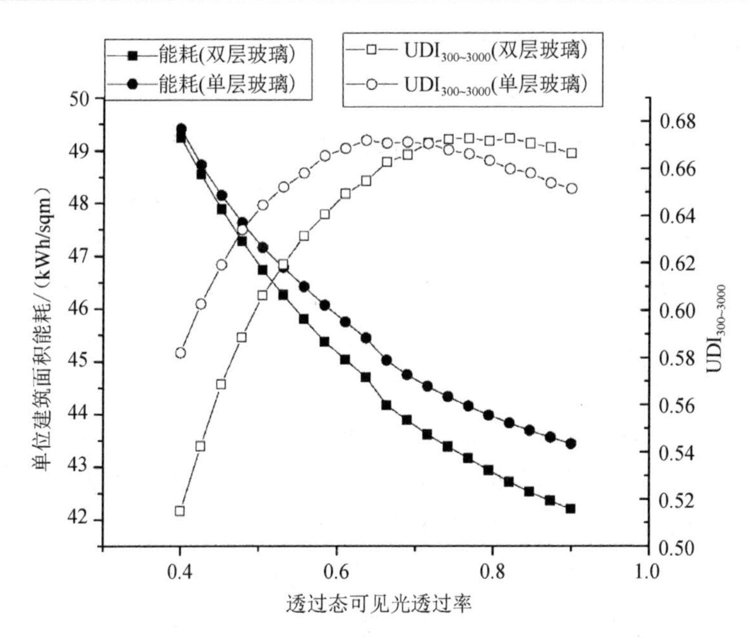

图 5.21 热致变色玻璃绿色建筑性能随透过态可见光透过率的变化

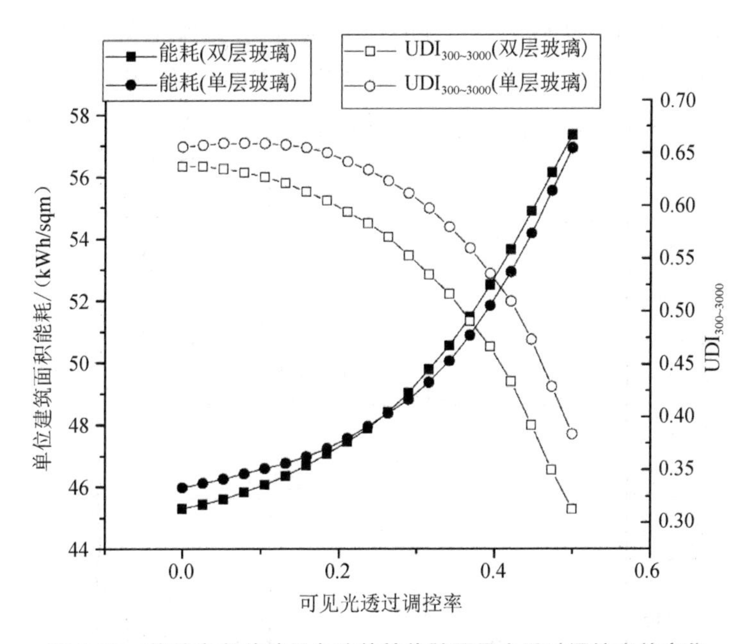

图 5.22 热致变色玻璃绿色建筑性能随可见光透过调控率的变化

建筑物，提高了室内照度水平，可以实现更大的有效采光范围($UDI_{300\sim3000}$)时间占比，但也会增加过度采光(超过 3000 lx)和眩光的风险。结果表明,具有更高透过态可见光透过率的热致变色玻璃对于减少建筑能耗和提高室内采光性能是可取的,但可见光透过调控率不宜过高。

5.2.4.2 热致变色玻璃设计选型的帕累托优化结果

采用 Octopus 应用 HypE 算法进行多目标优化,种群规模设置为 60,最大迭代数设置为 300。图 5.23 显示了单层和双层玻璃窗中热致变色玻璃的建筑能耗和 $UDI_{300\sim3000}$ 的帕累托前沿解集。从图中可以看出,建筑能耗和有效采光性能之间存在明显的权衡。随着 $UDI_{300\sim3000}$ 的增加,建筑能耗先小幅度增加,然后迅速上升,这意味着提高有效采光会导致建筑节能性能的降低。单层玻璃中有效采光性能 $UDI_{300\sim3000}$ 最高为 71.63%,此时建筑能耗最高(47.55 kWh/m^2);而双层玻璃中有效采光性能 $UDI_{300\sim3000}$ 最高为 72.07%,此时建筑能耗最高为 45.45 kWh/m^2。同时,单层玻璃窗中,建筑能耗最低为 46.21 kWh/m^2,此时采光最差($UDI_{300\sim3000}$ 为 67.65%);双层玻璃中,建筑能耗最低为 44.28 kWh/m^2,此时采光最差($UDI_{300\sim3000}$ 为 70.42%)。

由于不存在同时达到最大 $UDI_{300\sim3000}$ 和最小建筑能耗的点,因此使用 LINMAP 决策过程以确定帕累托全局最优解 POS。如图 5.23 所示,单层玻璃窗中 POS 就是 C 点,建筑能耗为 46.64 kWh/m^2,$UDI_{300\sim3000}$ 为

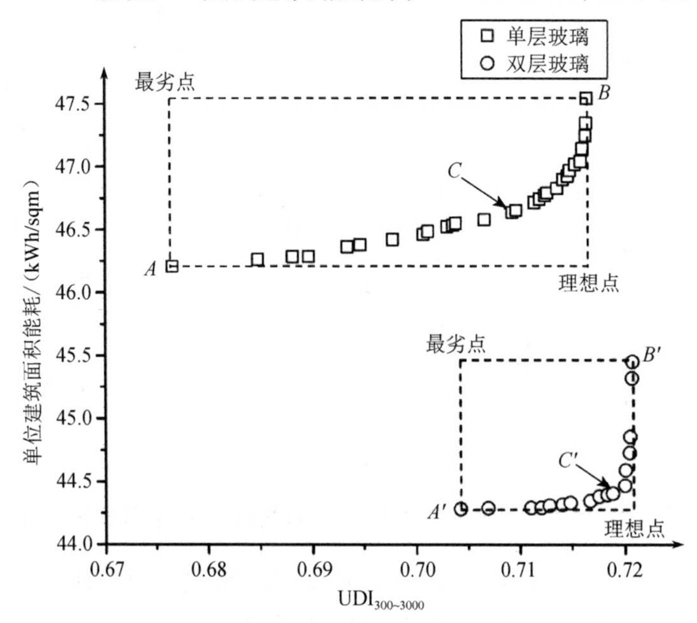

图 5.23 单层和双层玻璃窗中热致变色玻璃的帕累托前沿解集

70.92%；双层玻璃窗中，C'点建筑能耗为44.40 kWh/m^2，$UDI_{300\sim3000}$为71.88%。优化后的热致变色玻璃窗与传统的透明单层玻璃相比，建筑节能0.34%，有效采光范围$UDI_{300\sim3000}$增加10.9%；与传统的透明双层玻璃相比，建筑节能4.31%，有效采光范围$UDI_{300\sim3000}$增加9.8%。这表明热致变色玻璃不仅可以通过调节通过窗户获得的太阳能来降低建筑能耗，还可以调节可见光并减少过度采光引起的视觉不适。

计算结果的优化设计参数见表5.3。可以发现，最佳变色温度略高于室内空气温度，单层玻璃为28.7～34.8 ℃，双层玻璃为29.2～33.3 ℃。单层玻璃应用热致变色玻璃的最佳透过态可见光透过率为0.76，而双层玻璃的最佳透过态可见光透过率位于上限(0.89～0.90)。透过态下的最佳太阳辐射透过率是假定约束条件下的最小值，表明具有较高可见光透过率和较低的太阳辐射透过率的热致变色玻璃更适合亚热带气候。这是因为具有高可见光透过率的热致变色玻璃可获得更多采光。由于双层玻璃窗中有两块面板阻挡更多的采光，因此应用于双层玻璃窗时的最佳可见光透过率高于单层玻璃窗。由于亚热带地区的建筑全年太阳能得热量很大，因此更需要具有较低太阳辐射透过率的玻璃来减少太阳辐射透过以降低建筑空调能耗。此外，太阳辐射调控率和可见光调控率的最佳取值也不相同。这表明调控能力并不是越高越好。

表5.3 热致变色玻璃的多目标优化结果

设计参数	单层玻璃			双层玻璃		
	A	*B*	*C*	*A*	*B*	*C*
变色温度	34.8	28.7	29.8	33.3	29.2	29.8
透过态太阳辐射透过率	0.38	0.38	0.38	0.45	0.45	0.45
太阳辐射调控率	0.26	0.18	0.21	0.27	0.19	0.26
透过态可见光透过率	0.76	0.76	0.76	0.9	0.89	0.89
可见光调控率	0.52	0.47	0.41	0.55	0.54	0.51

5.3 本章小结

本章对两种太阳能光热调控新技术——分区智能遮阳系统和热致变色玻璃，在绿色建筑中的应用效果从建筑光环境、热环境和建筑能耗3方面进行了研究。首先对采用智能控制策略的分区智能遮阳系统在双层玻璃幕墙中的应用效果进行研究，并将其与无遮阳措施和普通遮阳措施的绿色建筑性能进行比较。之后应用多目标优化方法，建立热致变色玻璃在绿色建筑应用中的选型设计方法。本章得到的结论主要有以下几方面：

(1)与没有遮阳措施的建筑对比，采用智能控制的分区智能遮阳系统在厦门、上海和北京可分别降低7.6%、6.1%和4.8%的能耗。

(2)采用智能控制的分区智能遮阳系统拥有更好的采光性能，与传统卷帘遮阳相比，在厦门、上海和北京地区分别可提高5.9%、10.8%和17.8%的采光能力。

(3)与传统的透明单层窗和双层窗相比，在厦门的办公建筑中应用基于多目标优化方法所选定的热致变色玻璃可以同时提高建筑节能和采光性能。同时，研究可为设计师在建筑设计或改造过程中对热致变色玻璃的选型提供一种计算方法。

参考文献

[1] 刘艳峰，王登甲. 太阳能采暖设计原理与技术[M]. 北京：中国建筑工业出版社，2016.

[2] 潘毅群，等. 实用建筑能耗模拟手册[M]. 北京：中国建筑工业出版社，2013.

[3] 柳孝图. 建筑物理[M]. 北京：中国建筑工业出版社，2010.

[4] 杨柳. 建筑气候学[M]. 北京：中国建筑工业出版社，2010.

[5]中国城市科学研究绿色建筑与节能专业委员会绿色人文学组. 绿色建筑的人文理念[M]. 北京：中国建筑工业出版社，2010.

[6] 朱颖心. 建筑环境学[M]. 北京：中国建筑工业出版社，2010.

[7] 刘加平. 建筑物理[M]. 北京：中国建筑工业出版社，2009.

[8] 潘毅群，黄森，刘羽岱. 建筑能耗模拟前沿技术与高级应用[M]. 北京：中国建筑工业出版社，2019.

[9] 林波荣，等. 绿色建筑性能模拟优化方法[M]. 北京：中国建筑工业出版社，2016.

[10] 中国太阳能建筑应用发展研究报告课题组. 中国太阳能建筑应用发展研究报告[M]. 北京：中国建筑工业出版社，2009.

[11] 丹尼尔·D. 太阳能建筑[M]. 北京：中国建筑工业出版社，2008.

[12] 彦启森，赵庆珠. 建筑热过程[M]. 北京：中国建筑工业出版社，1986.

[13] 葛新石，龚堡，陆维德，等. 太阳能工程[M]. 北京：学术期刊出版社，1988.

[14] 陶文铨. 数值传热学[M]. 西安：西安交通大学出版社，2001.

[15] 陈则韶. 高等工程热力学[M]. 合肥：中国科学技术大学出版社，2014.

[16] 何立群等. 太阳能建筑的热物理计算基础[M]. 合肥：中国科学技术大学出版社，2011.

[17] 大卫·劳埃德·琼斯. 建筑与环境[M]. 北京：中国建筑工业出版社，中国轻工业出版社，2005.

[18] 边宇. 建筑采光[M]. 北京：中国建筑工业出版社，2019.

[19] 何荥，袁磊. 建筑采光[M]. 北京：知识产权出版社有限责任公司，2019.

[20] 徐燊. 太阳能建筑设计[M]. 北京：中国建筑工业出版社，2021.

[21] 杨洪兴，周伟. 太阳能建筑一体化技术与应用[M]. 北京：中国建筑工业出版社，2009.

[22] 中国气象局气象信息中心气象资料室，清华大学建筑技术科学系. 中国建筑热环境分析专用气象数据集[M]. 北京：中国建筑工业出版社，2005.

[23] 陶文铨. 计算流体力学与传热学[M]. 北京：中国建筑工业出版社，1991.

[24] 季杰，等. 基于平板集热的太阳能光热利用新技术研究及应用[M]. 北京：科学出版社，2018.

[25] 葛新石. 太阳能利用中的光谱选择性涂层[M]. 北京：科学出版社，1980.

[26] 海涛，林波. 太阳能建筑一体化技术应用(光热部分)[M]. 北京：科学出版社，2012.

[27] 龙恩深. 建筑能耗基因理论与建筑节能实践[M]. 北京：科学出版社，2009.

[28] 罗运俊. 太阳能利用技术[M]. 北京：化学工业出版社，2014.

[29] 何梓年，李炜，朱敦智. 热管式真空管太阳能集热器及其应用[M]. 北京：化学工业出版社，2011.

[30] 李念平. 建筑环境学[M]. 北京：化学工业出版社，2010.

[31] 弗兰克 P. 英克鲁佩勒，大卫 P. 德维特，狄奥多尔 L. 伯格曼，等. 传热和传质基本原理[M]. 北京：化学工业出版社，2007.

[32] 玛丽・古佐夫斯基，等. 零能耗建筑[M]. 武汉：华中科技大学出版社，2014.

[33] 林其标. 亚热带建筑：气候・环境・建筑[M]. 广州：广东科技出版社，1997.

[34] DUFFIE J A. Solar engineering of thermal processes[M]. New York：John Wiley & Sons，2006.

[35] 郑峥，王立雄，郭娟利，等. 低能耗绿色建筑中针对被动式太阳能技术应用评价方法研究[J]. 建筑节能，2017，45(5)：65-70.

[36] 赵少卿，庄春龙，刘亚娇，等. 基于动态采光评价的内遮阳调控策略分析[J]. 建筑节能，2015，43(12)：68-71.

[37] 赵东升. 复合式太阳能炕采暖系统的性能及其应用研究[D]. 合肥：中国科学技术大学，2019.

[38] 张磊，孟庆林.百叶外遮阳太阳散射辐射计算模型及程序实现[J].土木建筑与环境工程，2009,31(6):92-95.

[39] 于志.多种太阳能新技术在示范建筑中的应用研究[D].合肥:中国科学技术大学，2014.

[40] ZHU N，DENG R，HU P，et al. Coupling optimization study of key influencing factors on PCM trombe wall for year thermal management[J]. Energy，2021，236:12147.

[41] ZHANG X，ZHAO X，SHEN J，et al. Dynamic performance of a novel solar photovoltaic/loop-heat-pipe heat pump system[J]. Applied energy，2014，114:335-352.

[42] ZHANG X，SHEN J，XU P，et al. Socio-economic performance of a novel solar photovoltaic/loop-heat-pipe heat pump water heating system in three different climatic regions[J]. Applied energy，2014,135:20-34.

[43] YU B，LI N，JI J. Performance analysis of a purified Trombe wall with ventilation blinds based on photo-thermal driven purification[J]. Applied energy，2019，255:113846.

[44] YANG J，XU Z，YE H，et al. Performance analyses of building energy on phase transition processes of VO_2 windows with an improved model[J]. Applied energy，2015,159:502-508.

[45] 杨柳，鲁俊忱，刘衍，等.建筑太阳能采暖潜力分析方法的修正及应用[J].建筑节能(中英文)，2021,49(7):1-8.

[46] 杨婧，刘艳峰，陈耀文，等.用于被动太阳能采暖适用技术选择的气候分区研究[J].太阳能学报，2021,42(6):234-242.

[47] 徐礼颉，罗成龙，季杰，等.双流道-中间隔热型太阳能相变蓄热墙体系统实验研究[J].太阳能学报，2017,38(5):1227-1232.

[48] 魏蔚，季杰，罗成龙，等.复合太阳能炕系统运行模式的实验研究[J].太阳能学报，2017,38(3):806-812.

[49] 王璋元，杨晚生，赵旭东.新型环路热管太阳能热水系统节能减排评估[J].太阳能学

报，2014,35(5):825-829.

[50] 王波，冉茂宇.不同倾角金属百叶对屋顶遮阳的隔热降温实验研究[J].建筑科学，2018,34(6):37-42.

[51] 陶求华，李峥嵘，蒋福建，等.北外窗遮阳的必要性及遮阳设施的优化选择[J].重庆大学学报，2013,36(9):151-158.

[52] XU P, SHEN J, ZHANG X, et al. Design, fabrication and experimental study of a novel loop-heat-pipe based solar thermal facade water heating system[J]. Clean, efficient and affordable energy for a sustainable future, 2015,75:566-571.

[53] WANG Q, ZHANG G, LI W, et al. External wind on the optimum designing parameters of a wall solar chimney in building[J]. Sustainable energy technologies and assessments 2020,42:100842.

[54] WANG D, HU L, DU H, et al. Classification, experimental assessment, modeling methods and evaluation metrics of Trombe walls[J]. Renewable & sustainable energy reviews, 2020,124:109772.

[55] SERAGELDIN A A, ABDEEN A, AHMED M M S, et al. Solar chimney combined with earth to-air heat exchanger for passive cooling of residential buildings in hot areas[J]. Solar energy, 2020,206:145-162.

[56] SALAMATI M, MATHUR P, KAMYABJOU G, et al. Daylight performance analysis of TiO_2 @ W-VO_2 thermochromic smart glazing in office buildings[J]. Building and environment, 2020:186,186:107351.

[57] RABANI M, KALANTAR V, DEHGHAN A A, et al. Empirical investigation of the cooling performance of a new designed Trombe wall in combination with solar chimney and water spraying system[J]. Energy and buildings, 2015,102:45-57.

[58] 裴刚，周天泰，季杰，等.两种新型太阳能通风窗在香港地区的实验研究[J].太阳能学报，2009,30(3):282-286.

[59] 毛会军，孟庆林.光致变色玻璃的光热性能研究[J].暖通空调，2021,51(9):133-138.

[60] 卢军，赵娟.太阳能蓄能通风屋顶通风性能研究及经济性分析[J].建筑科学，2010,26(10):106-109.

[61] OMRANY H, GHAFFARIANHOSEINI A, GHAFFARIANHOSEINI A, et al. Application of passive wall systems for improving the energy efficiency in buildings: a comprehensive review [J]. Renewable & sustainable energy reviews, 2016, 62: 1252-1269.

[62] LONG L, YE H, ZHANG H, et al. Performance demonstration and simulation of thermochromic double glazing in building applications[J]. Solar energy, 2015, 120: 55-64.

[63] LONG L, YE H. Dual-intelligent windows regulating both solar and long-wave radiations dynamically[J]. Solar energy materials and solar cells, 2017, 169: 145-150.

[64] LIANG R, KENT M, WILSON R, et al. Development of experimental methods for quantifying the human response to chromatic glazing[J]. Building and environment, 2019, 147: 199-210.

[65] LIANG R, KENT M, WILSON R, et al. The effect of thermochromic windows on visual performance and sustained attention [J]. Energy and buildings, 2021, 236: 110778.

[66] KE W, JI J, XU L, et al. Annual performance analysis of a dual-air-channel solar wall system with phase change material in different climate regions of China [J]. Energy, 2021, 235: 121359.

[67] HU Z, HE W, HONG X, et al. Numerical analysis on the cooling performance of a ventilated Trombe wall combined with venetian blinds in an office building[J]. Energy and buildings, 2016, 126: 14-27.

[68] HU J, YU X. Adaptive greenhouse with thermochromic material: performance evaluation in cold regions[J]. Journal of energy engineering, 2020, 146(4): 04020032.

[69] HONG X, SHI F, WANG S, et al. Multi-objective optimization of thermochromic glazing based on daylight and energy performance evaluation[J]. Building simulation, 2021, 14(6): 1685-1695.

[70] 刘衎，赵欢，张向荣，等. 外窗遮阳系统太阳得热系数及其对空调负荷的影响[J]. 暖通空调，2021, 51(3): 116-122.

[71] 刘森，陈滨，赵汝和，等. 控温材料(TCM)对被动式太阳能采暖环境调控作用的研究[J]. 可再生能源，2015,33(10):1459-1464.

[72] 刘剑，代彦军. 太阳能辅助 CO_2 热泵供热系统的试验与优化研究[J]. 太阳能学报，2014,35(7):1118-1124.

[73] 刘大龙，杨竞立，贾晓伟，等. 西部地区居住建筑太阳能采暖利用辐射分区[J]. 太阳能学报，2019,40(5):1316-1323.

[74] 梁润琪，姚佳伟，张永明. 智能变色窗户的建成光环境及实验方法研究[J]. 城市建筑，2021,18(22):109-113.

[75] 梁润琪，颜哲，姚佳伟，等. 热致变色智能窗户的建筑应用研究现状及前景分析[J]. 城市建筑，2021,18(16):135-139.

[76] 李峥嵘，夏麟. 基于能耗控制的建筑外百叶遮阳优化研究[J]. 暖通空调，2007(11):11-13.

[77] 李峥嵘，胡玲周，赵群，等. 内置百叶遮阳中空玻璃制品热工性能研究[J]. 建筑热能通风空调，2014,33(2):10-14.

[78] 李胜，吴静怡，王如竹. 自保护控温回路重力热管的特性研究[J]. 工程热物理学报，2009,30(6):1012-1014.

[79] 蒋婧，王登甲，刘艳峰，等. 中小学建筑供暖能需与被动太阳能技术匹配分析[J]. 太阳能学报，2017,38(3):813-819.

[80] 蒋婧，刘艳峰，王登甲，等. 太阳能采暖有效保证率分析[J]. 太阳能学报，2019,40(2):580-585.

[81] 季杰，于志，孙炜，等. 多种太阳能技术与建筑一体化的应用研究[J]. 太阳能学报，2016,37(2):489-493.

[82] HONG X, LEUNG M K H, HE W. Effective use of venetian blind in Trombe wall for solar space conditioning control[J]. Applied energy, 2019,250:452-460.

[83] HONG X, HE W, HU Z, et al. Three-dimensional simulation on the thermal performance of a novel Trombe wall with venetian blind structure[J]. Energy and buildings, 2015,89:32-38.

[84] HE W, HONG X, WU X, et al. Thermal and hydraulic analysis on a novel Trombe

wall with venetian blind structure[J]. Energy and buildings, 2016,123:50-58.

[85] FABIANI C, CASTALDO V L, PISELLO A L. Thermochromic materials for indoor thermal comfort improvement: Finite difference modeling and validation in a real case-study building[J]. Applied energy, 2020,262:114147.

[86] DO C T, CHAN Y. Evaluation of the effectiveness of a multi-sectional facade with Venetian blinds and roller shades with automated shading control strategies[J]. Solar energy, 2020,212:241-257.

[87] DATE A, DATE A, DIXON C, et al. Theoretical and experimental study on heat pipe cooled thermoelectric generators with water heating using concentrated solar thermal energy[J]. Solar energy, 2014,105:656-668.

[88] CONG T D, CHAN Y. Daylighting performance analysis of a facade combining daylight-redirecting window film and automated roller shade [J]. Building and environment, 2021,191:107596.

[89] BUTT A A, DE VRIES S B, LOONEN R C G M, et al. Investigating the energy saving potential of thermochromic coatings on building envelopes[J]. Applied energy, 2021,291:116788.

[90] AYOMPE L M, DUFFY A. Thermal performance analysis of a solar water heating system with heat pipe evacuated tube collector using data from a field trial[J]. Solar energy, 2013,90:17-28.

[91] AL-KHAFFAJY M, MOSSAD R. Optimization of the heat exchanger in a flat plate indirect heating integrated collector storage solar water heating system[J]. Renewable energy, 2013,57:413-421.

[92] ABURAS M, EBENDORFF-HEIDEPRIEM H, LEI L, et al. Smart windows—Transmittance tuned thermochromic coatings for dynamic control of building performance[J]. Energy and buildings, 2021,235:110717.

[93] 季杰，马进伟，孙炜，等. 一种新型双效太阳能平板集热器的光热性能研究[J]. 太阳能学报，2011,32(10):1470-1474.

[94] 季杰，蔡靖雍，黄文竹，等. 间接膨胀式太阳能多功能热泵系统换热性能的实验研究

[J]. 太阳能学报，2016,37(1):129-135.

[95] 霍旭杰，杨柳. 中国被动式太阳能采暖设计气候资源潜能[J]. 太阳能学报，2019,40(11):3141-3147.

[96] 霍慧敏，徐伟，李安桂，等. 水平外百叶遮阳反向直射辐射模型修正与分析[J]. 建筑科学，2021,37(6):1-9.

[97] 何伟，王臣臣，季杰. 百叶型集热墙不同百叶倾角对室内温度影响研究[J]. 太阳能学报，2016,37(3):673-677.

[98] 郭晓琴，陈友明，王衍金，等. 百叶遮阳双层皮幕墙光学特性实验研究[J]. 太阳能学报，2017,38(2):524-531.

[99] 郭超. 多功能太阳能光伏光热集热器的理论和实验研究[D]. 合肥:中国科学技术大学，2015.

[100] 段琪，姜曙光，黄玉薇，等. 严寒地区太阳能通风墙的热性能试验研究[J]. 建筑科学，2016,32(2):23-28.

[101] 丁勇，戴辉自，李百战，等. 重庆地区夏季太阳能热水应用系统实测研究[J]. 太阳能学报，2012,33(7):1205-1211.

[102] 代彦军，王如竹. 一种具有强化自然通风效果的太阳能空调房[J]. 太阳能学报，2003(3):283-289.

[103] 边宇，马源. 考虑视觉舒适度的动态采光模拟与照明能耗分析[J]. 浙江大学学报(工学版)，2018,52(9):1638-1643.